U0573514

猕猴桃病虫害综合防治技术研究

张文林　廖钦洪　唐建民 ◎ 著

吉林科学技术出版社

图书在版编目（CIP）数据

猕猴桃病虫害综合防治技术研究 / 张文林，廖钦洪，
唐建民著 . -- 长春 ：吉林科学技术出版社，2021.6
ISBN 978-7-5578-8061-3

Ⅰ . ①猕… Ⅱ . ①张… ②廖… ③唐… Ⅲ . ①猕猴桃
—病虫害防治—研究 Ⅳ . ① S436.634

中国版本图书馆 CIP 数据核字（2021）第 099192 号

猕猴桃病虫害综合防治技术研究
MIHOUTAO BINGCHONGHAI ZONGHE FANGZHI JISHU YANJIU

著	张文林　廖钦洪　唐建民	
出 版 人	宛　霞	
责 任 编 辑	丁　硕	
封 面 设 计	舒小波	
制　版	舒小波	
幅 面 尺 寸	185 mm×260 mm	
开　本	16	
印　张	11	
字　数	230 千字	
页　数	176	
印　数	1-1500 册	
版　次	2021 年 6 月第 1 版	
印　次	2022 年 1 月第 2 次印刷	

出　　版　吉林科学技术出版社
发　　行　吉林科学技术出版社
地　　址　长春市净月区福祉大路 5788 号
邮　　编　130118
发行部电话／传真　0431-81629529　81629530　81629531
　　　　　　　　　　81629532　81629533　81629534
储运部电话　0431-86059116
编辑部电话　0431-81629518
印　　刷　保定市铭泰达印刷有限公司
书　　号　ISBN 978-7-5578-8061-3
定　　价　45.00 元

前言

PREFACE

　　猕猴桃富含维生素C，被誉为"水果之王"，深受消费者喜爱。我国的猕猴桃商业栽培和科研起步较晚（始于1978年），但因果品市场需求量大、售价高，产业发展迅猛。截止2019年底，全国猕猴桃栽培面积436万亩，总产量达300万t，挂果面积和产量仍然稳居世界第一。在国内，陕西猕猴桃产业规模约占全国的40%左右，居全国第一。但随着我国猕猴桃种植区域和栽培面积的不断增加，危害猕猴桃的病虫害种类也日益增多。近年来，已发现的猕猴桃病虫害有近60种，其中溃疡病、褐斑病、灰霉病、果实软腐病、黑斑病、根结线虫病、根腐病、介壳虫、金龟子、叶蝉、叶螨、斜纹夜蛾等在我国大部分种植区都有发生，尤以溃疡病、褐斑病、桑白蚧危害最严重，给果农造成的经济损失惨重。

　　一直以来，我国对于猕猴桃病虫害方面的研究较为薄弱，缺乏能有力指导生产实践的猕猴桃病虫害识别图谱及综合防控技术体系，广大种植者对病虫害的认识极度缺乏，尤其对溃疡病、褐斑病、桑白蚧等严重病虫害的防控无从下手，严重制约了我国猕猴桃产业的健康持续发展。因此科学开展猕猴桃病虫害防治迫在眉睫。《猕猴桃病虫害综合防治技术研究》一书共分为15个章节，详细描述了猕猴桃病虫害的症状、发病规律，以及综合防治技术。本书语言通俗易懂，技术可操作性强，兼具应用和学术价值。

编者

2021.3

目录
CONTENTS

第一章　导论

第一节　猕猴桃营养、保健价值

猕猴桃又名"羊桃""毛梨桃"，果实皮薄多汁，风味独特，酸甜适口，属猕猴桃科猕猴桃属藤本植物，结果较早、产量高。全世界猕猴桃属有66种，其中我国有62种，我国从南到北、从东到西几乎都能种植，栽植面积及年产量居世界首位，并且我国栽培历史悠久，明朝叶本草纲目曳记载："其形如梨，其色如桃，而猕猴喜食，故有诸名，闽人呼为阳桃。"猕猴桃不仅营养丰富，而且有极高的保健价值。具有生津解渴、润中理气、通淋利尿、消肿化瘀等功效，临床上可辅助治疗消化不良、肝炎、冠心病、高血脂血压、呼吸道、肿瘤等疾病。由于猕猴桃含有我们所需的多种营养保健成分，专家们对猕猴桃进行了一系列的开发研究，研发出了猕猴桃果汁、什锦罐头、果丹皮等系列产品，真正做到了"一果多吃"。

一、猕猴桃属研究进展

1. 猕猴桃属资源

猕猴桃属隶属于猕猴桃科，含54种，21个变种，共75个分类单元。猕猴桃是20世纪人工驯化最成功的四种野生果树资源之一。最初猕猴桃被当作一种园林观赏植物被引到国外，自1924年新西兰培育出'海沃德'等品种后，猕猴桃作为一个新兴果树开始在世界各地广泛栽培。20世纪70年代末，猕猴桃商业化栽培在全球展开，至今已形成了一个栽培面积16.6万公顷，年生产量超过200万t的世界性产业。中国猕猴桃产业起步较晚，但扩张速度和规模令人瞩目，目前世界有接近一半的种植面积在中国，总产量亦占到全球产量近三成。现在猕猴桃已经作为一种美味且营养价值极高的水果被世人所熟知，因其独特的风味，高维生素C含量、丰富的膳食纤维和多种矿质营养成分而享有"水果之王"的美誉。猕猴桃驯化栽培也被认为是近代果树史上由野生到人工商品化栽培最成功的植物驯化范例。

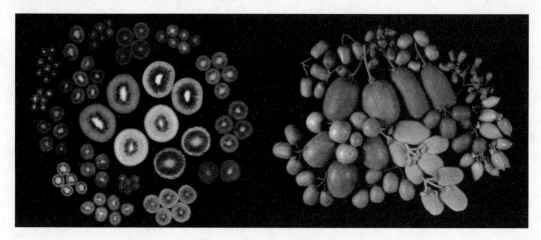

图 1-1　不同猕猴桃的果实

2. 猕猴桃属起源和地理分布

（1）起源

现在的研究普遍认为猕猴桃属植物的起源伴随着多次古多倍化。古多倍化是指至少发生于几百万年前的基因组加倍。古多倍化既可来源于同源染色体，也可来源于异源染色体多倍化。由于染色体上遗传功能的多余，基因组复制后的许多基因功能丧失，许多植物的古多倍体在进化过程中会经历称之"二倍化"的过程而失去原有多倍体状态，通常被当作"二倍体"。其先通过着丝粒断裂增加一条染色体，染色体基数由 x = 13 增加到 x = 14，随后发生整个染色体组的加倍，从而由古老四倍体（x = 14）演化为现在的二倍体中华猕猴桃（x = 29）。

中国科学院武汉植物园与华南植物园的科研人员通过研究表明：猕猴桃属内至少发生过两次古多倍化事件，第一次是约 7590 万年前发生于猕猴桃与茶的共同祖先，第二次发生于约 2830 万年前，与猕猴桃科内的细胞学研究证据符合。多倍体植株在面对恶劣环境时相对单倍体植株有一定优势。推测猕猴桃祖先发生过多次多倍化的原因主要有两个：一是当时猕猴桃祖先经历了恶劣的环境，其原始二倍体因为无法度过这样的环境而灭绝，多倍体个体则适应并度过了当时恶劣的环境从而继续生存；另一种推测是由于生存环境的改变，生殖隔离出现在猕猴桃祖先的原始二倍体与多倍体之间，导致其原始二倍体进化为其它物种，而多倍体群体则继续进化成现在的猕猴桃属植物。

（2）地理分布

猕猴桃属自然分布于以中国为中心，南起赤道、北至寒温带（北纬 50℃）的亚洲东部地区。其分布格局既属泛北极植物区系，又具有古热带植物区的组分，体现出中国众多特有属植物的典型特征，即其分布以中国大陆为中心延伸至周边国家，猕猴桃属植物绝大多数为中国特有种，仅有尼泊尔的尼泊尔猕猴桃和日本的白背叶猕猴桃这两个种为周边国家所特有分布。猕猴桃自然分布在我国广袤的山区，根据生物地理学意义上的分布格局，猕猴桃的自然地域分布从西南至东北主要划分为西南地区（云南、贵州、四川西部和南部、西藏）、华南地区（广东、海南、广西和湖南南部）、华中地区（湖北、四川东部、重庆、湖南西部、河南南部和西南部、甘肃南部、安徽和陕西南部）、华东和东南地区（江苏、浙江、江西、福建和台湾）、华北地区（河北、山东、山西、北京和天津）和东北地区（辽宁、吉林和黑龙江）（黄宏文2012）。

二、猕猴桃的营养价值

猕猴桃果实富含维生素C，美国食品营养学教授保尔·拉切斯对28种作物维生素C含量进行排名，猕猴桃名列首位（见表1-1和表1-2），另外还含维生素8，维生素D、脂肪、蛋白水解酶。果肉具有特殊的清香味和爽口的酸味，是老弱病残人员，野外工作者，登山、航海、体育运动者，林区工人，妇婴、儿童的特殊营养品。常食猕猴桃能使人的皮肤变嫩，所以日本人叫它"美容果"。猕猴桃含有人体不可缺少的多种氨基酸和其他营养成分，食用猕猴桃有益于人的大脑发育。

表1-1 猕猴桃与几种作物维生素c含量的比较

作物名称	猕猴桃果	猕猴桃叶	大白菜	菠菜	番茄	南瓜	大葱	四季豆	红萝卜	辣椒	稻米	大麦	胡萝卜	黄玉米	甘薯
每100克作物中维生素C的含量（mg）	100～420	747	24	31	11	4	14	7	19	105	0	0	8	10	30

表1-2 猕猴桃与其他水果主要成分比较

类别	种类	维生素C（mg/100g）		可溶性固形物（%）	总糖（%）	可食用部分（%）
		鲜果	果汁			
栽种品种	猕猴桃	100~420	38～180	13～5	6.3~13.9	8~95
	橘子	30	25（26）	13	12	62
	广柑	49	（42）	10	9	56
	椰子	6	（1）	12	7	73
	菠萝	24	3~9（9）	11	8	53
	苹果	5	（1）	19	15	51
	葡萄	4	（0）	12	10	74
	梨	3	—	14	1.2	77
	枣	380	—	27	24	91

据新西兰奥克兰植病组在科学和工业研究部指导下进行的测定，猕猴桃鲜果营养成分如表1-3所示。猕猴桃的药用价值和医疗保健作用在各种水果中名列前茅。猕猴桃果实、根、茎、叶均可入药。

表1-3　海沃德品种主要营养成分

测定项目	含量	测定项目	含量
含水量	80%	铁	0.4mg/100g
可溶性物	14%	钙	35mg/100g
总糖	9.9%	磷	21mg/100g
还原糖	8.7%	酸	1.04%
果胶	0.8%	非适原糖	1.2%
总胡萝卜素	3.5mg/kg	单宁	0.04%
维生素C	81mg/kg	钾	264mg/100g
灰分	0.6%	镁	16mg/100g

三、猕猴桃的保健功能

猕猴桃有利尿通淋、润中理气、生津解渴、消肿化瘀等功效，还具有抗畸变、抗突变、抗癌的效果。它既可用于治疗内、外、妇科疾病，又可用于保健抗衰老，故有"生命之果""天然药矿"之美誉。

1. 降血脂作用

何素琴等通过试验证明，对高胆固醇血症小鼠喂食猕猴桃果汁可显著降低血清总胆固醇含量，并同时升高小鼠血清中高密度脂蛋白胆固醇的含量，降低甘油三酯。另外，在临床上通过让高血压、冠心病患者饮用一段时间的猕猴桃果汁后，结果发现患者的血脂和血压明显降低，有效率几乎达100%。

由此可见，猕猴桃对于治疗动脉粥样硬化、脑梗塞、高血压、冠心病有非常好的疗效。

2. 防癌作用

N—亚硝基化合物是一种强化学致癌物，能引起人体肿瘤。宋圃菊等进行了大量试验，研究了中华猕猴桃汁对N—亚硝胺合成的阻断作用，试验表明猕猴桃汁能阻断N—亚硝基吗啉和N—二甲基亚硝胺的体外合成，表明中华猕猴桃汁具有防癌作用。

3. 抗炎作用

在叶江西草药曳中就记载过猕猴桃有抗炎的作用。有研究让患有特应性皮炎的小鼠口服猕猴桃果实提取物，剂量为100mg/kg，服用两个月后，发现皮炎明显减轻，表皮的厚度降低，肥大细胞的渗透与脱颗粒减少，说明猕猴桃果实具有抗炎作用。

4. 提高免疫作用

刘若英等让105例健康人服用猕猴桃中药复方制剂，服用时间30d，并和服用前对比，结果发现此品对正常者无明显影响，但是能使低下的应吞噬功能有所增强。李香华等让进行大强度运动的健康青年饮用猕猴桃果汁，并与饮用纯净水组对比，观察饮用前后T淋巴细胞活性及其亚群的变化情况。结果发现实验组CD^{4+}较纯净水组高，CD^{8+}较纯净水组低，

CD^{4+}/CD^{8+} 比值较纯净水组高，均有显著性差异，而 CD^{3+} 无明显变化，说明猕猴桃果汁对免疫具有调节作用。

5. 抗氧化作用

多酚类成分具有较强的抗氧化作用，阎家麒应用磁共振法测定猕猴桃多糖（ACPS-R）对二甲基亚砜（DMSO）碱性模型体系产生的氧自由基（O^-）以及 Fenton 反应产生的羟基自由基（OH^-）的清除能力，结果发现 ACPS 对 O^- 和 OH^- 的清除能力强。另外，猕猴桃果实中分得的新维生素 E 成分 δ 生育酚具有较好的清除 O^- 和抗氧化能力。

6. 其他保健作用

猕猴桃中的血清促进素具有镇静的作用，能辅助治疗抑郁症；猕猴桃中有丰富的膳食纤维，不仅能降低胆固醇，促进心脏血管健康，而且可以帮助消化，防止便秘，快速清除体内垃圾；猕猴桃还有扩张血管的作用，能增强心脏肌肉收缩力；猕猴桃中含有铬，能刺激胰岛 β 细胞分泌胰岛素，可以降低血糖浓度。

第二节　猕猴桃产业发展的潜力

我国猕猴桃资源十分丰富，种植面积及产量均位居世界第一。同时，贫困地区猕猴桃栽培面积达到 167.1 万亩，占全国猕猴桃总规模的 46.4%，已成为助推脱贫攻坚和产业兴旺的重要产业之一。为摸清猕猴桃产业现状和存在问题，把握猕猴桃产业发展趋势，四川省农科院信息农经所成立专题研究组，先后深入贵州、四川、陕西等猕猴桃主产区，对猕猴桃产业发展情况进行调查分析。2013~2019 年，猕猴桃种植规模快速增加、单产水平持续提升，但产地收购价逐年降低，种植户产业收入不断下降；猕猴桃消费方式仍以鲜食为主，人们对高端化、多元化的猕猴桃产品需求逐步增加，我国猕猴桃人均消费量超过国际平均水平；预计未来 3～5 年，我国猕猴桃面积增速将放缓，随着前期扩张的猕猴桃陆续进入丰产期，产量仍有提升空间；我国猕猴桃人均消费量将与发达国家基本持平；随着自主研发的猕猴桃新品种在国外注册品种权并授权国外商业化种植，有望打破被新西兰垄断的国际贸易市场格局，猕猴桃出口量将会有大幅提升。

一、猕猴桃栽培简史

1. 中国古代栽培

我国对猕猴桃的描述可追溯至公元前 1100～公元前 600 年间的名著《诗经》，其中将"猕猴桃"（猕猴桃属植物的中国通称）称为"苌楚"。《诗经·桧风》中有"隰有苌楚，猗傩其枝……猗傩其华……猗傩其实……"描述洼地上猕猴桃藤柔美多姿，叶色光润，开花结果，生机蓬勃的景象。后来在《尔雅》中出现的"铫芅"也是指的猕猴桃。最早使用猕猴桃这个称呼的是唐代诗人岑参（714-770年）的一首诗里："中庭井栏上，一架猕猴桃"，这也是猕猴桃人工栽培的最早记录，由此可见，猕猴桃在中国古代的栽培历史至少有1200余年。后来在《本草拾遗》、《重修政和经史证类备用本草》、《本草衍义》、《本草纲目》、《植物名实图考》等历代文献中对猕猴桃均有记载，古人一般都将猕猴桃作为观赏植物和药用植物。虽然猕猴桃人工栽培的历史很久远，但其栽培规模一直没有扩大。到1978年时，中国的猕猴桃人工栽培面积仍不足1公顷。

2. 近代西方国家对猕猴桃的引种

1821年，纳萨尼尔·瓦利茨在尼泊尔采集的硬齿猕猴桃标本是猕猴桃属建立的基础。1836年Lindley作为新属作了描述。到目前为止，对猕猴桃在国外栽培最准确的报道是Salomon最早从德国的Wuiziburg引入。Bretschneider（1898）记载了在圣彼得堡栽培的猕猴桃于1869年第一次开花。Ellacombe（1879）对他在英格兰格洛斯特郡花园栽培的猕猴桃也有所描述。1899年，E.H.Wilson受雇英国种苗JamesVeitch公司到中国采集适于欧洲和北美洲种植的园林栽培植物，于此同时，Wilson也将种子提供给了美国农业部和新西兰，1904年JamesVeitch公司用Wilson采集于中国的种子培育出可供出售的猕猴桃幼苗，后来又引入雌株，于1911年开始结果。1912年后通过邮寄销售到欧洲各地，但在1937年之前，猕猴桃都只产生了少量果实并未引起重视。在当时的欧洲和美洲大陆，猕猴桃一般都是作为一种观赏性植物来看待。

3. 猕猴桃商业化栽培历程

1917年新西兰苗圃商开始公开出售美味猕猴桃植株。1922年开始分性别出售。20世纪30年代商业果园开始结出优良的果实并销售。1952年低温贮藏技术开始应用于商业领域，同年，猕猴桃首次出口，目的地是英国。在随后的几年中，随着市场对猕猴桃接受度的增加和高额利润回报的刺激，猕猴桃商业栽培规模开始迅速扩大，大约从1973年开始，新西兰猕猴桃种植面积激增。美国（约1966年）、意大利（1966年）、法国（1969年）、日本（约1977年）也相继开始了猕猴桃产业化栽培。

二、猕猴桃产业的种植现状分析

我国猕猴桃资源十分丰富，种植面积及产量均位居世界第一。同时，贫困地区猕猴桃栽培面积达到167.1万亩，占全国猕猴桃总规模的46.4%，已成为助推脱贫攻坚和产业兴旺的重要产业之一。为摸清猕猴桃产业现状和存在问题，把握猕猴桃产业发展趋势，四川省农科院信息农经所成立专题研究组，先后深入贵州、四川、陕西等猕猴桃主产区，对猕猴桃产业发展情况进行调查分析。2013~2019年，猕猴桃种植规模快速增加、单产水平持续提升，但产地收购价逐年降低，种植户产业收入不断下降；猕猴桃消费方式仍以鲜食为主，人们对高端化、多元化的猕猴桃产品需求逐步增加，我国猕猴桃人均消费量超过国际平均水平；预计未来 3~5 年，我国猕猴桃面积增速将放缓，随着前期扩张的猕猴桃陆续进入丰产期，产量仍有提升空间；我国猕猴桃人均消费量将与发达国家基本持平；随着自主研发的猕猴桃新品种在国外注册品种权并授权国外商业化种植，有望打破被新西兰垄断的国际贸易市场格局，猕猴桃出口量将会有大幅提升。

1. 猕猴桃产业发展现状

（1）猕猴桃的生产产业

1）产业规模持续增加

我国猕猴桃产业先后经历了起步、快速发展、缓慢增长、高速发展四个阶段。2018年，全国猕猴桃种植面积 360 万亩，占全球猕猴桃种植面积的 72%；总产量 255 万 t，占全球猕猴桃产量的 55%，我国猕猴桃种植面积是意大利的 6.8 倍、新西兰的 13.9 倍。随着科技进步与管理水平的提升，十年间我国猕猴桃单产水平提升近一倍，达到 1.1t/ 亩。

2）形成五大优势产区

2019 年，猕猴桃种植面积较大省份依次为陕西、四川、贵州、湖南、河南、湖北。根据产业集聚度，国内猕猴桃可划分为五大优势产区：①陕西秦岭北麓山区；②四川大巴山南麓山区及龙门山区；③湖南省西部和湖北省西南部武陵山区；④贵州苗岭乌蒙山区；⑤河南的伏牛山、桐柏山等大别山区，五大优势产区种植规模占全国猕猴桃总规模的 82.3%。江西、福建、浙江、广东等地也有零星小规模分布。

表 1-4　2013-2019 年我国猕猴桃主产省份猕猴桃种植面积（单位：万亩）

序号	地区	2013 年	2014 年	2015 年	2016 年	2017 年	2018 年	2019 年
1	陕西	92	93	93	95	100	115	116
2	四川	47	53	57	60	65	69	70
3	湖南	20	21	20	21	22	25	26
4	湖北	18	14	12	16	19	20	20
5	贵州	17	23	33	36	40	44	47
6	河南	16	16	17	17	20	22	24
7	合计	210	219	232	245	266	295	303

3）主栽品种多样化

20 世纪 80 年代，从新西兰引进的"海沃德"栽培比重占我国猕猴桃总面积的 80%-90%。随着猕猴桃育种技术的不断创新，先后选育出"金魁""红阳""秦美""贵长"等具有自主知识产权的优良品种并成功推广，重塑了国际猕猴桃市场格局。目前，我国猕猴桃主栽品种近 20 个，绿肉、红肉、黄肉猕猴桃所占比重分别为 75%、11%、14%。

（2）猕猴桃产业的消费

1）消费总量稳步增长

近年来，猕猴桃表观消费量逐年提升，由 2014 年的 209 万 t 增加到 2018 年的 266 万 t，位居水果表观消费量第六。从 20 世纪九十年代的人均 80g 到 2014 年人均 1.4kg，再到

2018 年的人均 1.9kg，我国猕猴桃人均表观消费量快速提升，目前已经接近发达国家消费水平（法国人均表观消费量约 2.8kg）。

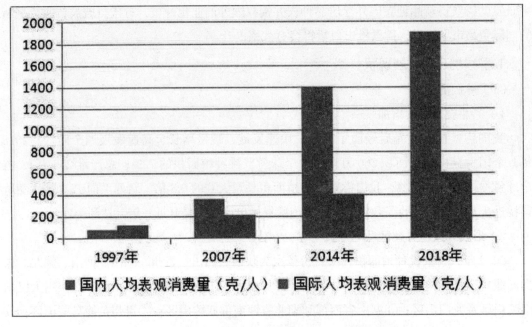

图 1-1　1997-2018 年国内外猕猴桃人均表观消费量

2）消费多元化、品牌化、网络化

近年来，消费者对黄肉、红肉等多元化品种的需求量增加，绿肉猕猴桃销售额占比逐年下降。"佳沃""悠然""阳光味道""十八洞村""伊顿""齐峰"等众多国内知名品牌受到消费者青睐。"周至猕猴桃""眉县猕猴桃""都江堰猕猴桃"等地标产品的影响力不断提升。网络销售逐渐成为主流趋势，消费者利用京东、淘宝、拼多多等知名电商平台，微信、微博等微商平台，抖音、火山小视频等直播平台选购不同种类的猕猴桃。

（3）猕猴桃的加工产业

目前，全国有低温冷库 5000 多座，年贮藏能力超 100 万 t，占年产量的 40%；随着冷藏库、冷链物流运输车等采后商品化处理基础设施逐步完善，以分选、包装、冷藏为主的鲜果初级加工水平不断提升，大幅提高了果品采后保鲜能力。随着猕猴桃加工产品研发力度不断加大，我国猕猴桃精深加工量逐年增加，由 2014 年的 4.3 万 t，增加到 2018 年的 11.7 万 t。开发出猕猴桃果酒、猕猴桃果脯、猕猴桃果糕、果籽饼干等系列精加工产品。

（4）猕猴桃的进出口产业

1）进口量较大，进口区域较为集中

2010~2019 年，我国猕猴桃进口量快速增长，进口量额年均增长率分别为 15.7%、28.8%。2019 年我国猕猴桃进口总量达 12.3 万 t，进口额 4.36 亿美元。从新西兰、智利、意大利、希腊、法国 5 个国家的猕猴桃进口量占我国进口总量的 99% 以上。

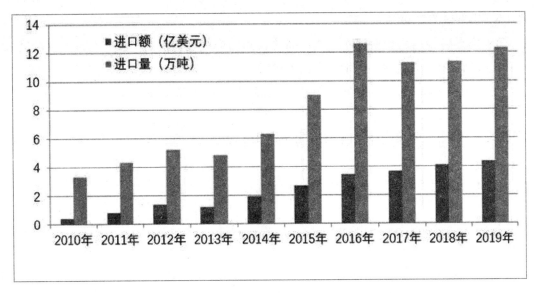

图 1-2 2010-2019 年我国猕猴桃进口量和进口额

数据来源：中国海关、FAO

2）出口量较少，国际市场份额低

我国猕猴桃出口量相对较少，但总体稳步增长。2010~2019 年，我国猕猴桃出口量额年均增长率分别为 17.6%、20.1%。2019 年，我国猕猴桃出口量 8800t，出口额 1330 万美元，主要出口国以俄罗斯、印度尼西亚、蒙古、马来西亚等为主，占我国出口总量的 84.2%。中国猕猴桃国际市场占有率由 2000 年的 0.03% 上升至 2018 年的 0.33%，年平均增长率为 0.17%，但占有率仍然远低于新西兰的 40.19% 和意大利的 25.33%。

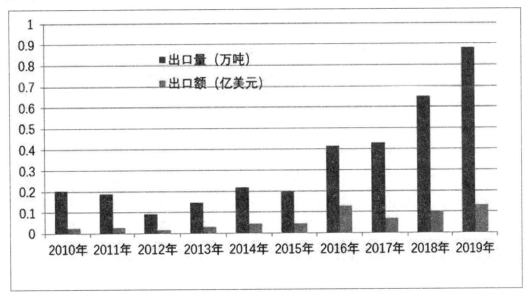

图 1-3 2010-2019 年我国猕猴桃出口量和出口额

数据来源：中国海关、FAO

（5）猕猴桃的市场价格

随着猕猴桃种植面积快速扩张，产品总量和结构性过剩，主产区猕猴桃收购价格大幅下跌。2014 年，国内绿肉、黄肉、红肉猕猴桃田间收购价每 kg 分别为 5.4 元、8.6 元、12.9 元，到 2019 年，绿肉、黄肉、红肉猕猴桃田间收购价每 kg 分别下跌至 3.2 元、3.8 元、6.4 元，跌幅分别为 40.7%、55.6%、50.6%。我国猕猴桃市场批发价也呈现波动下滑，2019 年 10 月，全国批发市场猕猴桃批发均价每 kg7.47 元，较 2018 年、2017 年同期分别下跌 8% 和 12%。

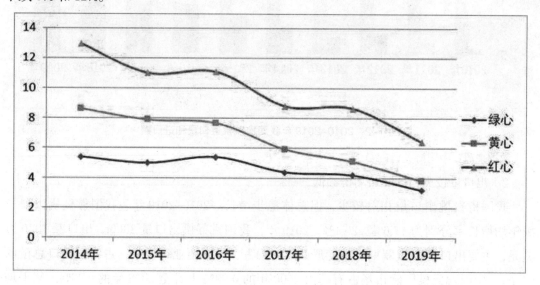

图 1-4　2014-2019 年猕猴桃主产区收购价格（元 /kg）

1）利润空间不断压缩

随着我国人力成本增加，劳动力供应紧张，加之物流、包装成本上涨，猕猴桃生产成本持续上行。2019 年，绿肉、黄肉、红肉猕猴桃田间收购价较 2014 年分别下降 40.7%、55.6%、50.6%。在不考虑人工及地租成本前提下，猕猴桃种植利润为每亩 3500~4000 元，但完全核算成本情况下，猕猴桃种植已经出现亏损。

2）其他猕猴桃主产国收益相对稳定

2018~2019 年，新西兰佳沛集团猕猴桃绿果平均收益从每亩 1.8 万元增长到 1.9 万元，而 SunGold 金果的平均收益从每亩 3.3 万元增长到 4 万元。2018 年，法国与意大利猕猴桃的平均收益均超过了每亩 1 万元。从品种收益角度分析，欧洲国家绿肉、黄肉、红肉品种的平均回报率分别为每 kg5.1 元、11.3 元、15.4 元，有机产品价格可高出 50% 以上。

2.猕猴桃产业发展前景展望

（1）面积增速将放缓，近期产量仍将增加

在连续多年的效益驱动及政策扶持下，我国猕猴桃种植面积多年持续快速增长，部分地区常规猕猴桃品种已经出现供过于求。预计未来 5 年，我国猕猴桃面积增速将放缓，由于前期扩张的猕猴桃果园陆续进入丰产期，预计产量将以每年 6%~8% 的速度持续增长。

（2）消费需求稳步增长，需求呈现多元化

预计到 2025 年，我国猕猴桃人均消费量将达到 2.2kg，人们不再满足于单一口味的猕猴桃产品，而对高端化、多元化的猕猴桃产品需求逐步增加。

（3）国际贸易竞争力增强，出口提升空间大

随着国际合作加强，猕猴桃新品种在国外注册品种权并授权国外商业化种植，以及在"一带一路"倡议带动下，我国猕猴桃贸易环境将逐步改善，未来猕猴桃出口量有望大幅提升。

3. 猕猴桃产业助推脱贫脱贫攻坚

（1）总体情况

我国很多贫困地区将猕猴桃产业作为当地脱贫攻坚的支柱产业。据统计，2017 年全国贫困县（市州）栽培面积达到 167.1 万亩，产值达到 99 亿元，占全国猕猴桃总规模的46.4%，猕猴桃产业对贫困地区农民增收起到积极作用。

（2）经验做法

1）科学规划，出台招商引资优惠政策，推动猕猴桃产业生产、加工物流集群化发展，建设猕猴桃专用有机肥生产厂、猕猴桃精深加工中心及冷链物流园区。

2）出台支持新型主体培育、投入创新、用地、金融服务、科技创新、人才支撑、品牌创建等各类政策，形成系统化政策支持体系。

3）设立猕猴桃产业贷款基金，采取公司担保、财政贴息等方式撬动金融企业发放小额贷款，探索建立"土地银行"和土地承包经营权流转风险基金，创新"经营权抵押贷款＋扶贫再贷款""小额贷款＋农村保险""债贷结合＋拼盘整合"模式。四是实施"订单＋保单"双单保险，化解经营风险机制。

（3）典型案例分析

四川省苍溪县猕猴桃产业。采用"贫困户＋专合社＋基地＋公司"的模式发展产业，合作社社员以贫困户为主，社员以承包土地作价入股，70% 划入有土地的农户，20% 划入合作社集体股，10% 化为全村贫困户股本，贫困户股本由村集体掌握分配，形成的集体经济收入按 4∶3∶3 的模式分红。贫困户利益实现四重保障：

1）土地作价入股的资产分配。

2）优先务工所得的酬劳。

3）集体股权盈余分配。

4）10% 的贫困户专项股权分配。

2018 年，全县建成生态庭院户 7.5 万户、11 万亩，已有 90% 以上的建档立卡贫困户种植 1 亩以上的红心猕猴桃。全县 1.8 万户建档立卡贫困户共种植猕猴桃 3.2 万亩，2016年带动贫困户人均增收 2460 元，减贫人口达 2.4 万人。

贵州省修文县猕猴桃产业。为延长猕猴桃产业链，修文县培育了多家精深加工企业，

从事猕猴桃深加工产品的研发和市场销售，研发上市果汁、果醋、果干、脆片等产品。先后出台《贵阳市都市现代农业发展规划》《修文县推进猕猴桃产业"三化"发展工作方案》《关于加快修文猕猴桃产业发展的意见》，搭建了政府支持三农融资及多层级多元化农业担保体系。建立三级电商服务中心，开设电商、微商店铺，实施"五统一"模式拓展销售市场，在全国各地建立销售点和体验店，形成了较为完善的营销体系。

4.猕猴桃种植产业存在问题与挑战

（1）盲目扩张导致生产风险增加

猕猴桃对产地环境要求相对严苛，对早春晚霜冻害、夏季高温灼伤、秋季早霜冻害、冬季冻害等气候条件异常敏感。由于缺乏科学合理的生产区划与发展规划，种植户在非最佳适生区盲目种植、对生态适宜性考虑不足，造成建园成活率低、病虫害发生严重、产品质量低等问题。

（2）科技研发推广与生产脱节

长期以来，我国猕猴桃科技研发与实际生产结合程度不紧密，我国自主研发并审定的品种或品系120余个，但实际主栽品种不到20个。良种研发推广和生产管理技术脱节导致我国猕猴桃亩产水平仅1.1t，与新西兰2.3t、意大利1.5t亩产有较大差距。

（3）基础配套设施不完善

猕猴桃产业因前期生产基础设施投入较大，给生产者带来较大的压力，加工流通环节技术应用与基础配套更为薄弱，即使主产区冷藏库和商品化处理车间也配套不足，导致采后和贮藏的损失率大。

（4）低端产品同质化竞争

我国作为全球最大的猕猴桃产地，产量占全球总产量的50%以上，但2019年中国猕猴桃出口只有0.88万t，进口量却高达12.3万t，巨大的贸易逆差表明我国的猕猴桃在贸易中处于绝对劣势。一方面，由于高端优质果品比例较小，质量整齐度差，与国外70%~80%的优质果率相差较远。另一方面，尽管近年来全国涌现出"佳沃""悠然""阳光味道"等众多品牌，但国际影响力较弱。

5.政策措施建议

（1）加强规划引领

加强对现有栽培品种和新选育品种开展系统区域试验及适种区评价，确定最佳适宜区，不盲目扩大生产。加快开展猕猴桃产业区域发展规划编制工作，在区分优生区、适生区、次生区的基础上，注重整合和优化配置支持猕猴桃产业发展的科技政策、财政政策、信贷政策、保险政策，引导技术、资本、人才等要素向优势区聚集。

（2）加强科技创新与推广

1）加强开发新品种的选育和推广。

2）围绕高抗病害或多抗逆性的鲜食品种或砧木品种，建立适宜的栽培管理技术和贮藏加工技术，实现产业化开发。

3）加强溃疡病、软腐病、黑斑病等病害防治技术研究与应用，加强采后冰温贮藏、气调贮藏和化学贮藏技术研究与应用。

（3）加强基础设施投入

增加中央和地方财政奖补资金，加强良繁基地工厂化设施、产地冷库、冷藏车等冷链设施装备投入，支持企业开展有机认证、CGAP/GGAP认证、出口备案基地建设。完善下乡物流配送车规范化运营机制推动县域配送车资源共享。搭建县域物流配送信息和车辆资源共享平台，鼓励物流配送企业共享车辆、集中配送。

（4）加强猕猴桃品质监管

随着电商、微商异军突起，不正当使用保鲜剂等质量和安全问题层出不穷，严重影响了区域品牌的信誉度，可率先启动研究实施财政资金支持的"猕猴桃标准化"项目，鼓励政府联合大型电商平台企业共同推进猕猴桃电子商务标准化进程。支持地方政府联合大型电商平台共同打造农产品区域公用品牌。按照"少数精英网商＋多数种养能手"的要求，合理配置县域内网商和生产者资源，避免众多同质化网店恶性竞争。

（5）积极拓展国内外市场

结合跨境电商交易平台建设，主动融入"一带一路"，积极拓展新马泰等东南亚市场、俄罗斯及欧洲市场。支持培育与农户联结紧密的合作经济组织，借鉴新西兰猕猴桃产业的成功经验，构建"公司＋科研机构＋协会＋农户"的产业化组织模式，充分利用国内外市场资源和信息，促进产业的国内外衔接。

第三节　猕猴桃病虫害防治技术的研究综述

一、猕猴桃溃疡病害研究概况

溃疡病害属于一种细菌性的病害，其对于猕猴桃的正常生长具有不良的影响。这种病害最早是在国外的一些国家中发展的，如：美国、日本等地。现如今，越来越多的国家种植猕猴桃时都均发现了这种病害。可见，其影响力之大，如：新西兰、意大利、瑞士等地相继报道该种病害。而我国首次发现这种病害是在20世纪80年代，地点为湖南省的一个林场中－东山峰林。到目前为止，这种疾病已经遍布我国的多个省份，如：安徽、陕西、四川等地。其中，湖南等地产生这种病害主要由丁香假单胞菌引起、美国引起这种病害主要是由丁香假单胞杆菌引起。同时，日本和意大利等国家的猕猴桃产生溃疡病变也是由丁香假单胞李死致病变种引起。而这些病菌所形成的主要场所为土壤组织和病变组织。这些使得猕猴桃溃疡病菌得以广泛的传播。其具体表现为：当第二年的温度和湿度均适宜后，该病菌就变得更加活跃，加之在风、雨等天气环境的影响下，使得病菌传播的途径增多。同时，猕猴桃如果有其它的伤口、在通过猕猴桃的微小的气孔使得该病菌侵入到猕猴桃的体内。特别是满足适宜的气温时，如：10~20℃发生病害的情况较为普遍。而在温度满足15℃时，发生的病害几率加大。但是当温度大于25℃时，猕猴桃发生的溃疡病害就会得到有效地改善。其病斑的组织也会逐渐愈合，直至恢复原状。另外，研究结果还表明，猕猴桃溃疡病菌发生的季节主要有两个季节，即冬季休眠期间、春季萌芽期间。特别是春季萌芽期间的病害具有流行性的特征，也是该病害发生的高峰期。其传播扩展速度要快于其他季节。例如：病菌能够迅速从猕猴桃主干蔓延至主枝和侧枝上。

目前，关于猕猴桃溃疡病菌的防治主要以化学防治的方法为主，如：百菌通、农用链霉素等化学药剂能够有效地防治该种病菌。并在实践中证明，这种防控的方法具有一定的可靠性。换言之，冬季在对猕猴桃果林进行修剪时，则需要对果林中的枯枝败叶等进行农药的防治，彻底除去果园的残枝病枝，多施有机肥及钾含量高的肥料，从而增加树体的抗病性。其采取的手段为：在喷雾器中按照一定量的药剂喷射杀菌剂，以彻底消灭和潜在的病原菌。同时，也可以在春季萌芽阶段喷射杀菌剂，这样双管齐下就能够有效地杀灭掉病原菌。

二、猕猴桃灰霉病研究概况

猕猴桃灰霉病是影响猕猴桃正常生长的主要病害之一。其主要是由灰霉病菌引起。这种病菌的耐温度性与溃疡病菌的耐温度性有很大的差别。即能够适应0~30℃的问题，只要温度达到这些温度，该病菌就能够得以生长。这种病害主要破坏猕猴桃的果实、花、叶等部位。待到第二年猕猴桃开花时，如果温度和湿度适宜，多次降雨等情况，则会使猕猴桃在开花期间、谢花期间侵入到灰霉病菌。从而使猕猴桃的花受到灰霉菌的影响，造成过早的花腐、花落现象。而带有该种病菌的花瓣一旦脱落在猕猴桃的花瓣上，则会使叶子受到同样的病害。同时，残留在果梗上的病原菌在通过储藏好的猕猴桃进入储藏空间中，一旦猕猴桃发生挤压，该病菌就会从挤压的裂缝中侵染储藏的果实。在加上，这种病菌对于温度的适应能力较强，即便在低温的条件下，也会使储藏的果实发霉、腐烂，从而使猕猴桃失去应有的经济价值和营养价值。这种病菌首次被发现主要是在意大利、美国等发达国家，直至目前，已有多个国家发现这种病菌。

我国防治该病害的措施主要有：化学防治为主，烟剂2号、立细菌核利等已经成为治疗灰霉病的常用药剂。而国外的防治也由原来的化学防治转向为生物防治和植物源农药。加强果园水肥管理，提高树体抗病力。科学修剪，对生长过旺的枝条进行及时的修剪，剪掉病残枝，避免树冠过于密集以增加通风透光。花前喷施：20%腐霉利悬剂850~1000倍液，花后施用2000倍苯菌灵、嘧霉胺等药剂进行防治，有效地减弱了猕猴桃灰霉病菌的致病力。

三、猕猴桃根结线虫病研究概况

这种病菌主要病害的部位为猕猴桃的根部部位，其传播的途径主要是土壤、水源、农具等。这种病害发生的地区主要为南方地区。同时，其主要是由花生根结线虫、北方根结线虫等相关。例如：福建主要以南方根结线虫、爪哇根结线虫为主，湖南、湖北主要以南方根结线虫为主。而北方地区，如：河南则由猕猴桃根结线虫引起，山东则主要以根结线虫为主。猕猴桃根结线虫主要是在土壤中的 2 龄幼虫侵染所引起的，这些幼虫以破坏新生根系为主，使这些根系在生长中产生很多根系板结，从而影响根系矿物质的吸收和运输。最终引起的后果为落叶、苗木矮化、结果少、枝梢少、果实质量欠佳等症状。更为严重的还会造成猕猴桃逐渐萎蔫、干枯而死。

目前，对于这种疾病防治的主要方法有：加强检疫工作、在嫁接苗时需要进行消毒处理、定期对果园的土壤进行消毒处理、合理施肥、选择最优的抗性品种等。

四、猕猴桃细菌性花腐病研究概况

猕猴桃细菌性花腐病是种植过程中产生的主要病害之一，这种病害主要对猕猴桃的花瓣、花苞、果实等部位，造成花腐、花落、落果、畸形果等症状。从而对猕猴桃的产量和果质有一定的影响。同时也给猕猴桃业的发展带来了巨大的经济损失，阻碍猕猴桃产业的长久发展。这种病害最早从日本发现，目前已有众多的国家发现这种病害。这些病害主要是由丁香假单胞菌、丁香假单孢菌猕猴桃致病变种、镶边假单胞菌等引起。我国最早发现这种病害的地区是福建省。随后，湖北、湖南等地相继产生这种病害。而我国不同的地域所引起的病原具有很大的差异性，以湖北和福建为例，湖北主要是以丁香假单胞菌为主，湖南主要以绿黄假单胞菌为主。这些病原菌主要在花芽、叶芽和枯枝败叶等病残体上进行越冬，待到第二年，通过雨水、风力或者认为等活动，使得该病原体得以传播。特别是在通风比较差、地势不平稳、积水较多等地发生的病害最为严重。

目前，防治的主要方法为：应用抗菌素类药物，波尔多液等化学药剂进行防治。因此，增强地域的通风性、剪除病花病蕾、在猕猴桃芽萌芽期使用 21% 过氧乙酸 400 倍液喷施全园，合理施肥等对进一步改善栽培条件、防治病害具有很大的帮助。

五、猕猴桃黑斑病研究概况

这种病害又称之为猕猴桃霉斑病，其主要是由半知菌类猕猴桃假尾孢真菌引起的，其病害的部位主要为猕猴桃叶部病害。更加严重的还会影响到猕猴桃的果实和枝条。猕猴桃黑斑病菌主要以菌丝在病叶组织和枯枝败叶等病残组织中进行越东，待到明年第二年开花时，在温度和湿度等条件满足时，则会使该病菌和菌丝体萌发，在通过风、雨等传播渠道下使得猕猴桃新叶背部发生病斑，呈现酶斑状。如果进入雨季，则病害的速度就会加快，病斑的范围也就会加大，从而使得猕猴桃叶片出现枯黄脱落的现象。该植株病情加重时主要变现为：病斑凸凹，开裂重大、颜色呈现黄褐色或者红褐色。而果实受到该病菌病害时主要表现为：初果上可见小霉斑、并随着病情的不断扩展，霉斑扩大的范围也就变大，从而最终形成小的凹陷，形状主要为圆形病斑，在去皮后，病部组织发生坏死，导致果实的腐烂。猕猴桃的黑斑病一般主要在初春萌芽阶段或者花谢阶段，当达到适宜温度和湿度时，则会加重病情，直至 8 月份上旬，达到发病率的高峰期。进而随着时间和温度的变化，该病害逐渐减轻。

防治该种疾病的主要方法为：清楚病害枝条、合理施肥、合理修剪、选择通风通光地方、并选用甲基托布津、异菌脲、阿米西达等药剂进行防治。

六、猕猴桃叶枯病研究概述

猕猴桃叶枯病主要是由 P.syringaepv.Syringae 所引发的。这种病害严重影响了植株的生长。这种接近毁灭性的细菌叶病害对于猕猴桃产业的长久发展具有不良的影响。随着时间的不断推移和病情的加重，其病斑也会逐渐呈现深褐色，病斑的范围也会逐渐扩大，枯死的面积也会越来越大。不仅阻碍了猕猴桃的光和作用，还对植株的正常生长产生一定的影响。待到病情严重时，就会使整片园区的植株面临死亡，严重影响了猕猴桃的产量和品质。叶枯病菌的越冬场所主要是在猕猴桃叶芽部位，待到来年猕猴桃初春萌芽阶段，在适宜的温度或者适湿度下，受到风、雨等自然因素的传播，该病菌就会开始侵染新萌芽的幼叶。同时，温度越高，发病的程度也就加深，特别是夏天雨季季节是发生病害的高峰期。

目前，防治该病害的主要通过农业防治、生物防治、化学防治等渠道。而化学防治是使用最广、技术最为成熟的防治方法。

第二章　猕猴桃主要栽培种与品种

第一节　中华猕猴桃

一、红阳

由四川省资源研究所和苍溪县联合选出。为红心猕猴桃新品种。该品种早果性、丰产性好。果实卵形，萼端深陷。果个较小，在有使用果实澎大剂的情况下，单果重在70克以下，大小果现象严重。

1. 红阳猕猴桃的由来

红阳猕猴桃的前身原产于四川省苍溪县，以软枣猕猴桃与黑蕊猕猴桃进行杂交研发了红阳猕猴桃，因果实横切之后，果心有紫红色线条呈放射状分布，似太阳光芒四射，色彩鲜美，故称"红阳猕猴桃"。

2. 红阳猕猴桃的品种特点

红阳猕猴桃品种的特点是早果性强、果实较大、整齐度高、营养丰富、品质优良、红色遗传性状稳定。其突出的特点是果实子房鲜红色。横切面果肉呈红、黄绿相间的图案，具有特殊的刺激食欲和佐餐装饰价值。

（1）产量高

红阳猕猴桃一株能产5kg，每亩如果是110株，它就可以产到500kg。

（2）色彩鲜美，抗虫害能力强

红阳猕猴桃果心是紫红色的，放射状分布，是生产无公害和出口型高档水果的最佳选择。

（3）早果性强

红阳猕猴桃与海沃特猕猴桃相比，红阳猕猴桃比海沃特提早2~3年结果，产量都比海沃特要高，无论是单株还是群体

（4）单果较大，整齐度高

红阳猕猴桃的果实很大，平均单果质量在92.5~150g，果实排列整齐。

（5）营养丰富，品质优良

红阳猕猴桃它的肉质鲜嫩，口感鲜美，其中所含的营养远远高于其他的几个栽培品种。

二、魁蜜

魁蜜猕猴桃品种又叫赣猕2号，是江西省农业科学院园艺研究所1979年选自江西省奉新县澡溪乡荒田窝的优良单株，原代号"F.Y.79-1"，母株所在地海拔高度900m，于1980年采枝条嫁接繁殖，经观察鉴定和区域试验。1985年鉴定命名为"魁蜜"，后经进一步的选育和区试，于1992年通过江西省级品种审定，更名为"赣猕2号"。

图2-1　魁蜜

魁蜜猕猴桃品种植株生长势中等，萌芽率40%~65.4%，成枝率82.5%~100%，花多单生，着生在果枝的第1~9节，多数为第1~4节，结果枝率53%~98.9%，以短果枝和短缩果枝结果为主，平均每果枝坐果3.63个，坐果率95%以上，栽后2~3年开始结果，丰产稳产，4年生单产达9吨/公顷以上。

一般3月中旬萌芽，4月下旬开花，10月上、中旬果实成熟（可溶性固形物含量17%）。

魁蜜猕猴桃品种抗风、抗虫及抗高温干旱能力较强，在海拔较高和低丘、平原地区均可种植，对土壤要求不严格，耐粗放管理，以中短果枝结果为主，适宜密植和乔化栽培。但由于果实耐贮性较差，不宜在交通不便、又无良好贮藏条件的山区大面积栽培。

魁蜜猕猴桃品种果实扁圆形，平均单果重92.2~106.2g，最大果重183.3g；果肉黄色或绿黄色，质细多汁，酸甜或甜，风味清香，可溶性固形物12.4%~16.7%，总糖6.09%~12.08%，有机酸0.77%~1.49%，维生素C含量1195~1478mg/kg，品质优。果实耐贮性较差，货贺期短。

三、早鲜

由江西省农业科学院园艺研究所选出。为鲜食、加工两用早熟品种。也是为目前我国早熟品种中栽培面积最大的一个品种。果实于 8 月下旬至 9 月上旬成熟。果实柱形，整齐美观。平均单果重 80g 左右，最大果重 132g。果肉绿黄色，酸甜多汁，味浓，有清香，维生素 C 含量为 74 ~ 98mg / 100g 鲜果肉。果实较不耐贮存，常温下可存放 10 ~ 12 天；在冷藏条件下可存放 3 个月，货架期 10 天左右。本品种生长势较强，早期以轻剪长放为主。其抗风、抗旱和抗涝性较差。适宜以调节市场和占领早期市场为目的，选择邻近城市郊区进行小面积栽培，就近供应市场消费。

图 2-2　早鲜

早期新鲜猕猴桃品种和江西 rh1，成立于 1979 年，由江西省农业科学院园艺研究所从 FengXin，修水县交界处的两个野生种群繁殖和植物生长在海拔 630m，嫁接，识别在 1985 年名为"新鲜"，经过进一步育种和飞行员，1992 年由江西省评估，更名为"甘 rh 没有。1"。

鲜早熟猕猴桃品种是供生鲜食用和加工的早熟品种，也是我国栽培面积最大的早熟品种。

早期新鲜猕猴桃品种植株生长，发芽率 51.7% ~ 67.8%，分枝形成率 87.1% ~ 100%，主要短果和短果分枝结果，花多单生，生长在果实分枝的前 ~ 9 段，结实率 75% 以上。嫁接苗在移栽的第三年开始结果，第四年树木产量达到 7.5 t/ha 以上。该品种对土壤适应性强，可在低山低平原地区栽培。

一般 3 月中旬发芽，4 月中旬开花，花期晚，9 月中旬成熟。

新鲜猕猴桃品种栽培应注意早期花园的选择，选择地下水位很低（从地面 1.2m）以上情节，需要种植防风林，姿势采用温室提高风的阻力，在夏天要选一个心脏和卷须挂钩，防止风害，附近的水果叶切除，防止风害损伤和机械刀片摩擦水果。种植密度为 840 株 / 公顷，行距为 3 m×4 m。

早期新鲜猕猴桃品种呈圆柱形，整齐美观。果皮褐绿色或灰褐色，密被绒毛，绒毛不易脱落或脱落不全。平均果重 75.1～94.4g，最大果重 150.5g。果肉绿黄色或黄色，汁细，酸甜适口，味浓，清香。可溶性固形物 12.0%～16.5%，总糖 7.02%～9.08%，有机酸 0.91%～1.25%，维生素 C 含量 735～978 mm/kg，果心小，种子少，品质优良。江西水果常温可存放 10~20 天，低温可存放 4 个月并冷藏，保质期约 10 天。

四、金丰

金丰猕猴桃是湖北省著名的水果，也是驰名特产，它是一种营养丰富的水果。该品种果实大，平均果重 91.8~110.3g，最大果重可达 169g 左右，果实椭圆形，果形端正，整齐一致，果肉黄色，质细、汁多，天酸适口，有清香。

图 2-3　金丰

神龙架金丰猕猴桃以获国家科技进步三等奖，中国农业博览会银奖。该品种果实大，平均果重 91.8~110.3g，最大果重可达 169g 左右，果实椭圆形，果形端正，整齐一致，果肉黄色，质细、汁多，天酸适口，有清香，金丰猕猴桃果实大，果形整齐一致，结果早，丰产稳耐储藏，加工性好，是鲜食和加工兼用的优良品种。在海拔较高的低丘、平原地区均可栽培，并且树体易管理，抗逆性较强适应性广泛，先后已有十多个省、市引种，载种面积较大。

五、庐山香

为江西庐山植物园选出的晚熟鲜食加工两用猕猴桃品种。成熟期为 10 月中旬。果实近圆柱形，整齐美观。果个较大，平均单果重 87.5g，最大果重 1405g；果肉黄色，质细多汁，口味酸甜，香味浓郁，口感极佳。维生素 C 含量为 159～170mg／100g 鲜果肉。但果实不耐贮存，货架期只有 3～5 天，适宜于加工果汁。树势中等，结果早，丰产，品质优良。栽后第二年始果，最高株产量为 6.2kg，第三年为 7.7kg，第五年为 13kg。

图 2-4　庐山香猕猴桃的果实特征

1. 庐山香猕猴桃的经济作用

庐山香猕猴桃的经济作用很出色，能为果农带来大量的经济收入，这种果树高产，宜栽培，而且果肉、果汁的量都很大，不但可以鲜食，还特别适合用于果汁的加工。

2. 庐山香猕猴桃能补充微量元素

庐山香猕猴桃中含有多种微量元素，像维生素 C、和维生素 p 等，另外庐山香猕猴桃中的氨基酸含量也很高，它们进入人体以后可以被人体各器官快速吸收，能起到提高各器官功能，和预防疾病的重要功效。

3. 庐山香猕猴桃能帮助消化

吃过庐山香猕猴桃的朋友都会知道，它是一种酸甜可口的特色水果，这种水果中有大量的天然的果酸，也有一些植物蛋白酶，这些物质进入人类肠胃以后，会促进胃液的分泌，也能加快人体内食物的分解和消化，对人类的胃胀、胃痛以及食欲不振等多种消化不良症状都有不错的缓解作用。

六、金阳

由湖北省果树茶叶研究所选出。该品种早果性、丰产性和稳产性均好，但抗逆性、耐瘠薄能力较弱。生长势中等，适宜于土壤疏松、土层肥厚的高海拔地区栽培。其果实 9 月中旬成熟。果实柱形。果个中等，平均单果重 79g，最大果重 113g。果皮褐色，果肉黄色，酸甜适口，香味浓郁。可溶性固形物含量为 15.5%，维生素 C 含量为 93mg／100g 鲜果肉。是一个较好的鲜食与加工两用品种。该品种以中、短果枝结果为主，果枝蔓连续结果能力较强。干旱时偶尔有生理落果和采前落果。适宜于华中地区栽培。

1. 形态特征

果实长圆柱形。果皮棕绿色，表面较光滑。平均单果重 85.5g，最大单果重 135g。果肉黄绿色，酸甜适口，香味浓。含可溶性固形物 15.5%，维生素含量为 100~150mg/ 百克鲜果肉，是一个鲜食与加工兼用型品种果实采收后在室温上可存放 6~8 天。

图 2-5　金阳猕猴桃

2. 栽培技术

生长势强，枝条粗壮充实，以中、长果枝结果为主，产早果、百产性好，嫁接苗定植后 2~3 年开始结果，第五年进入盛果期，每亩产量可达 3000kg。适应性较强，适宜我国东南部各省海拔较低的山区，以及封深厚、肥沃、通气性良好，PH 为 6－7，排灌条件好的山区和丘陵地区发展。果实 9 月上旬成熟。

七、华优

由陕西省中华猕猴桃科技开发公司、周至县华优猕猴桃产业协会和周至县猕猴桃试验站协作选育而成。为中华猕猴桃与美味猕猴桃的自然杂交后代。果实椭圆形，果面棕褐色或绿褐色；单果重 80~120g，最大 150g；未成熟果肉绿色，成熟或后熟后果肉黄色或绿黄色，果肉质细汁多，香气浓郁，风味香甜，质佳爽 El，含可溶性固形物 18％ ~19％、维生素 Cl50.6mg／100g、总糖 1.83％、总酸 0.95％；4 月下旬至 5 月上旬开花，果实 9 月是旬成熟。可引种试栽。当前，在陕西东部地区，应大力发展"海沃德""徐香"品种，积极稳妥发展"华优""西选二号""翠香""红阳"等新优品种，逐步压缩秦美面积。

图 2-6　华优猕猴桃

1. 果品特点

果肉呈黄色、淡黄色、缘黄色，果面、果枝光滑，无毛，果味甜香，香气浓郁，口感浓甜，极为适口。10月初成熟。结果习性观察，短、中、长枝均可结果，以中、长结果枝为主。

物候期：3月萌芽，4月下旬~5月上旬开花，9月下旬果实成熟，最佳采收期10月上旬。

2. 果实特性

果实椭圆形，较整齐，商品性好，纵径6.5~7.0，横径5.5~6.0，单果重为80~120克，最大单果重150g，果面棕褐色或绿褐色，绒毛稀少，细小易脱落，果皮厚难剥离。未成熟果，果肉绿色，成熟后果肉黄色或绿黄色，果肉质细汁多，香气浓郁，风味香甜，质佳爽口，果心中轴胎坐乳白色可食。可溶性固形物7.36%，总酸1.06%，总糖3.24%，VC161.8mL/100g鲜果，硬度13.7，富含黄色素，常温下，后熟期15~20天，货架期30天，在0℃下可贮藏5个月左右。笔者考察后综合评价：华优长势强健、抗性强、优质丰产、黄肉，一枝独秀，可在一定范围发展，为猕猴桃产业增色。

3. 营养价值

猕猴桃果食肉肥汁多，清香鲜美，甜酸宜人，耐贮藏。适时采收下的鲜果，在常温下可放一个月都不坏；在低温条件下甚至可保鲜五六个月以上。除鲜食外，还可加工成果汁、果酱、果酒、糖水罐头、果干、果脯等，这些产品或黄、或褐、或橙，色泽诱人，风味可口，营养价值不亚于鲜果，因此成为航海、航空、高原和高温工作人员的保健食品。猕猴桃汁更成为国家运动员首选的保健饮料，又是老年人、儿童、体弱多病着的滋补果品。

第二节　美味猕猴桃

一、海沃德

海沃德猕猴桃是美味猕猴桃系列，中国猕猴桃主栽品种之一，该品种果肉翠绿，味道甜酸可口，有浓厚的清香味，维生素含量极高，其最大特点是果型美、品质优、耐贮藏、货架期长，具有较好的丰产性，在大面积发展该品种，能够较大的提高猕猴桃的种植效益。

图 2-7　海沃德

1. 形态特征

海沃德猕猴桃落叶藤本，幼枝、叶柄、花序和萼片密被乳白色或淡污黄色直展的绒毛或交织压紧的绵毛；皮孔大小不等；髓白色，片状。单叶互生；叶柄粗短，长 1.5~3cm；时片厚纸质，卵形至阔卵形，长 8~16cm，宽 6~11cm，先端短渐尖，基部圆形、截形或浅心形，边缘具硬尖小齿，上面幼时散生糙伏毛，后仅中脉和侧脉上有少数糙毛，下面密被乳白色或淡污黄色星状绒毛。聚伞花序，具 1~3 花；花单性，雌雄异株或单性花

与两性花共存；萼片 2~3，淡绿色；花瓣 5，淡红色，顶端和边缘橙黄色；雄蕊多数，花丝浅红色；子房球形，密被白色绒毛，花柱丝状，多数。浆果柱状卵球形，长 3.5~4.5m，直径 2.5~3m，密被乳白色不脱落的绒毛，宿存萼片反折，果梗长达 15mm。花

期 5~6 月，果熟期 8~9 月。海沃德猕猴桃系猕猴桃属落叶藤本植物。中国民间用其根治疗胃癌、鼻咽癌、乳癌等多种疾病，对肺癌、高血压、肝炎、肾炎、糖尿病、尿路结石、心血管疾病等有一定医疗和抑制作用。所以它被广泛利用，用来制作罐头、干果、果糖与果酱，畅销中国国内外。有关海沃德猕猴桃根的化学成分研究尚未见报道。已从中分离得到多种单体成分，经光谱测定和化学反应确定了其中的五个结构，它们是日一谷留醇，熊果酸，胡萝卜成，2a，3a，24- 三 - 羟基 -12- 烯 -28- 乌索酸（AE5）和一个新的三萜酸：海沃德猕猴桃酸 A。其它单体的结构将另文发表。

海沃德猕猴桃植株生长势强，一年生，枝灰白色，表面密集灰白色长绒毛，老枝和结果母枝为褐色，皮孔明显，数量中等，皮孔颜色为淡黄褐色。成熟叶长卵形，叶正面绿色无绒毛，叶背淡绿色，叶脉明显。叶柄淡绿色，多白色长绒毛。果实长圆柱形，果皮绿褐色，上密集灰白色长绒毛。果肉绿色，髓射线明显。果实大，平均单果重 82g，可溶性固形物 14.7%，酸 1.41%。

2. 生长环境

海沃德猕猴桃含有维生素 C、E、K 等，属营养和膳食纤维丰富的低脂肪食品，对减肥健美、美容有独特的功效。猕猴桃含有丰富的叶酸，叶酸是构筑健康体魄的必需物质之一，能预防胚胎发育的神经管畸型。并含有丰富的叶黄素，叶黄素在视网膜上积累能防止斑点恶化。海沃德猕猴桃含有抗氧化物质，能够增强人体的自我免疫功能。

海沃德猕猴桃的 Vc 量及食用纤维素含量达到了优秀标准，海沃德猕猴桃中的 Ve 及 Vk 含量被定为优良，海沃德猕猴桃脂肪含量低且无胆固醇。与其它水果不同的是猕猴桃含有宽广的营养成分，大多数水果富含一、两种营养成分，但是每个海沃德猕猴桃可提供 8%DV 叶酸，8%DV 铜，8% 泛酸，6%DV 钙，4%DV 铁和维生素 B_6，2%DV 磷和 Va 以及其它维生素和矿物质。含亮氨酸、苯丙氨酸、异亮氨酸、酪氨酸、缬氨酸、丙氨酸等十多种氨基酸，含有丰富的矿物质，每 100g 果肉含钙 27mg，磷 26mg，铁 1.2mg，还含有胡萝卜素和多种维生素，其中维生素 C 的含量达 100mg（每百克果肉中）以上，有的品种高达 300mg 以上，是柑桔的 5~10 倍，苹果等水果的 15~30 倍，因而在世界上被誉为"水果之王"。

二、秦美

由陕西省果树研究所选出。为晚熟较耐贮藏的鲜食猕猴桃品种。在我国推广栽培面积最大，达 1 万公顷。但是，目前正被大量地高接改换海沃德和哑特等其他品种。其早结果性、丰产性、树势强健性、耐旱性、耐寒性和耐土壤高 PH 值等综合性状，被评定为最优良品种。

图 2-8　秦美

1. 秦梅猕猴桃品种特点

秦梅猕猴桃被陕西省水果研究所和周至县猕猴桃实验站选中。

秦梅猕猴桃品种是耐旱、耐低温的品种，在高达 42℃ 的温度下仍能正常生长，冬季可在零下 20℃ 的条件下安全越冬，适合在北方地区种植。

秦梅猕猴桃品种在粘性土、砂质壤土和砂砾土中适应性强，产量高而稳定。

秦梅猕猴桃耐盐碱，土壤 PH 值达到 7.5 时仍能正常生长，表现出高产的特点。

2. 秦梅猕猴桃的特点

秦美猕猴桃品种椭圆形，纵向直径 7.2cm，横 6.2cm 直径，平均水果重量 106g，最大重量 204g，皮肤棕色，密被黄棕色刚毛，绿色，果肉质地很好，汁，香甜可口，芬芳，可溶性固体含量为 10.217%，水果的维生素 C 含量是 190~354.6mg/g 新鲜肉类；它主要用于新鲜食品，也可加工成罐头、果酱、果脯和果汁。

秦梅猕猴桃品种耐贮藏，室内温度为 11～13℃，相对湿度 76%，经过 38 天后才开始软化。一般在 0～2℃ 的冷库中，添加防腐剂可存放 5 个月以上。

秦梅猕猴桃品种比海沃德品种多，果味无香，徐甜。

3. 秦梅猕猴桃适宜种植环境

秦梅猕猴桃可以在山西、山东、浙江、河南和北京种植。

4. 生产秦梅猕猴桃

秦梅猕猴桃品种早结果，产量表现优异。种植后第二年平均单株产量为 6.7kg，最高单株产量为 50kg，每亩平均产量为 368kg，丰产期每亩产量为 3650kg。

三、哑特

由西北植物所等单位选育而成。果实圆柱形，平均单果重 87g，最大 127g；果皮褐色，密被棕褐色糙毛；果肉翠绿色，维生素 C 含量 150～290mg／100g，软熟时可溶性固形物含量 15%～18%；风味酸甜适口，具浓香，货架期、'贮藏期较长。5 月上、中旬开花，果实 10～12 旬成熟。

以中、长果枝为主，结果枝多着生在结果母枝第 5～11 节，虽然早果性较差，但进入结果期后丰产性强，没有明显的大小年现象。果实短圆柱形，于 11 月上旬至中旬成熟。平均单果重 87g，最大果重 127g，果个较均匀，一致性好，少有小果。果皮褐色，密被棕褐色糙毛。果肉翠绿色，果心小，质软，黄色，十分香甜。可溶性固形物含量为 15%～18%，维生素 C 含量为 150～290g/100g 鲜果肉。风味好，汁液多，很受消费者的欢迎。

果实较耐贮藏，由于采果较晚，常温下可放置 1～2 个月，土法贮藏可存放 3～4 个月，用气调库可贮存 6 个月以上，其货架期为 20 天左右。它的缺点是果形短柱形，早果性不及秦美和米良 1 号。后面一个缺点可以通过促花促果措施来予以解决，但是，果形之虞要得到消费者的认可，还需要更多的宣传和耐心。凡是吃过一次哑特的人，一定会再次购买该品种的果实。因此，它是一个非常适合于北方地区发展的优良品种。

哑特猕猴桃品种以中长果枝蔓结果为主。结果枝蔓多着生在结果母枝蔓的 5～11 节。虽然早果性较差，但进入结果期后很丰产，没有明显的大小年结果现象，嫁接后第五年平均株产果 22kg。在北方半干旱地区推广很有前途。其早果性差的缺点，可用环剥、环割、倒贴皮、水平绑蔓和打顶等促果措施克服。

哑特猕猴桃品种一般 5 月中旬开花，10 月上旬成熟。因其丰产、好吃、抗性强，冬季修剪宜采用"多芽少枝"修剪技术修剪。被陕西省定为新近推广的品种。

图 2-9　哑特

四、金魁

"金魁"属美味猕猴桃，由湖北省农业科学院果茶蚕桑研究所猕猴桃课题组从野生猕猴桃"竹溪2号"从实生苗中选育出来的，于1988年和1992年连续两年获农业部优质农产品中心评比第一名。曾多次获国内外大奖。1993年通过了湖北农作物品种审定。"金魁"的主要经济性状超过国外猕猴桃主栽品种。1998年10月在武汉召开的中国际猕猴桃研讨会暨第十次全国猕猴科研协作会的会议纪要中提出：种植品质优良品种如金魁，扩大金魁等晚熟耐贮藏品种的面积，建议这些品种发展到总面积的35%左右。猕猴桃有"水果之王"之称，而"金魁"誉为"水果王中王"。目前，"金魁"很受农民欢迎，成为目前农村产业结构高速的一个新品种，栽培面积迅速扩大。

图 2-10　金魁

该品种果大，平均果重100g以上，最大果重173g。果实圆柱形，含可溶性固形物20%~26%。Vc110~240mg/100g。毛易脱落。果肉绿色，汁液多，风味浓，甜酸可口，具芳香，品质极上。在武汉地区正常成熟期10月下旬至11月上旬，耐贮藏，常温下可存放40天以上。若"金魁"采用生长调节剂处理，平均果重达150~200g，最大果重达500g以上，可以在9月下旬采收，有利于国庆、中秋两节的销售。该品种栽后第2年挂果，第3~4年可达到丰产期，每亩结果3000~4000kg。该品种生长势较强，抗逆性也较强，特别对猕猴桃毁灭性溃疡病是目前发现的唯一具有免疫的新品种。"金魁"猕猴桃抗病虫能力强，几乎不用农药，是当今难得的无农药污染的绿色食品。"金魁"一朵花结一个果，坐果率100%，并且无采前落果现象，可挂树贮藏。猕猴桃经济寿命长，可达30~60年。"金魁"适应在年平均气温12~18℃，有效积温4500~5200℃，无霜其210~290天的地区发展，经过区域引种试验栽培表明："金魁"目前适宜在湖北、河南、安徽、四川、云南、贵州、上海、江西、浙江、重庆、湖南、陕西、山东和河北等省市发展，是当前我国猕猴桃产业品种结构更新换代的首选品种。

栽培技术要点：亩栽84株（2m×4m），一般在落叶后至早春栽培，最迟在2月下旬以前栽完。栽式以棚架最好。冬季修剪时，长枝留12~14个芽，中枝8~10个芽，短枝5~6个芽。夏季注意除萌、抹芽和摘心。高温时及时灌水抗旱和树盘覆盖，雨季及时排渍。

五、徐香

由江苏省徐州市果园选出。果实短柱形，单果重75~110g，最大果重137g。果肉绿色，浓香多汁，酸甜适口，维生素C含量为99.4%~123.0mg/100g鲜果肉，含可溶性固形物13.3%~19.8%。早果性、丰产性均好，但贮藏性和货架期较短。然而，徐香有一个特性可以部分的弥补货架寿命短和贮藏性弱的缺点，即其成熟采收期长，从9月底到10月中旬均可采收，可使挂在架面上的果实随卖随采，无采前落果。该品种早期以中、长果枝蔓结果为主，盛果期以后以短果枝和短缩果枝蔓（丛状结果枝蔓）结果为主。早期修剪时应注意轻剪长放，中、后期重剪促旺。其抗性不很强，但由于风味好，因而在江苏、山东一带推广受欢迎。

图2-11　徐香

1. 生长特性

徐香猕猴桃枝条生长健壮，嫩枝绿褐色，密被黄色柔毛，一年生枝棕褐色，皮孔中大、明显；多年生枝深褐色，皮孔椭圆形，凸起明显，节间中长，叶片大，倒卵形。叶面绿色有光泽，背面叶脉明显凸起，密被灰绿色短茸毛，先端突尖或凹，基部楔形。花单生或三花聚伞花序，白色，花瓣多为5枚，雄蕊退化，无授粉能力。盛花期5月中旬，花期4~7天。

树体生长势强，枝条粗壮充实，节间中长，萌芽率65.6%，成枝率59.5%。五年生树的徒长性结果枝（长度31cm以上）占15%，长果枝（长度16~30cm）占20%，中果枝（长度6~15cm）占15%，短果枝（5cm以下）占50%。以徒长性果枝着生的果实大，品质好，短果枝着生的果实小。平均每果枝结果3.9个，以结果枝第2~5节为主要结果部位。

丰产性较强，嫁接苗定植第二年开花株率达68%，三年生平均每公顷产量4200kg，四年生平均每公顷产量20250kg。

2.果实特性

果实圆柱型，果型整齐一致，果实平均纵径5.8cm，横径5.1cm，侧径4.8cm，单果重70~110g，最大果重137g，果皮黄绿色，被黄褐色茸毛，梗洼平齐，果顶微突，果皮薄，易剥离；果肉绿色，汁液多，肉质细致，具果香味，酸甜适口，含可溶性固形物15.3%~19.8%，维生素C含量99.4~123.0mg/100g，含酸1.34%，含糖12.1%，可溶性糖8.5%，糖酸比6.3。果实后熟期15~20天，货架期15~25天，室内常温下可存放30天左右，在0~2℃冷库中可存放3个月以上。

六、米良1号

"米良一号"猕猴桃是吉首大学教授石泽亮几十年如一日在凤凰腊尔山台地进行科研的结晶。"米良一号"是当地野生富硒猕猴桃作父本杂交。育出的堪与世界优良品种媲美的新品种。"米良一号"猕猴桃以个大、维生素丰富著称，单个最大的超过0.3kg。凤凰"米良一号"猕猴桃栽培面积超过3万亩，利用猕猴桃开发"果王素"等系列保健食品和饮料，产品畅销中国国内市场。

图2-12　米良1号

1. 品种特性

美味猕猴桃米良1号及配套雄株帮增1号不同生长发育时期，各器官的过氧化物酶活性有如下规律：雌株＞雄株；根＞茎＞叶柄＞叶＞幼果；果枝＞徒长枝＞嫁接苗＞实生苗，这一规律反映美味猕猴桃过氧化物酶活怀与该植物性别和各器官的年龄有关，POD的差异可作为判断美猕猴桃雌雄株的依据，也可作为判断是否嫁接苗的依据。

930~1430μg/g。果实极耐贮藏，在常温下可贮藏30天左右。

米良1号猕猴桃品种果实圆柱形，平均单果重70~80g，最大单果重125g，果皮褐绿色，果面光滑无毛。果实近中央部分中轴周围呈艳丽的红色，果实横切面呈放射状彩色图案，极为美观诱人。果肉细嫩，汁多，风味浓甜可口，可溶性固形物含量16.5%~23%，含酸量为1.47%，固酸比11.2；香气浓郁，品质上等。果实贮藏性一般，常温（25℃）下贮藏10~14天即开始软熟，在冷藏条件下可贮藏3个月左右。果实极耐贮藏，在常温下可贮藏30天左右。

植株生长势较强，嫩梢底色绿灰，有白色浅茸毛，一年生枝棕褐色，皮光滑无毛，多年生枝深褐色或黑色，皮孔纵裂有纵沟。叶片厚，正面深绿色，蜡质多，有光泽，叶背面浅绿色，白色茸毛，叶形阔椭圆形，叶柄向阳面红色，背阴面浅绿色，有浅茸毛。花多为单花，少数为聚伞花序，萼片6枚，绿色瓢状，重85~95g，最大单果重129g。果皮绿褐色，果面光滑无毛。果肉绿色，肉质细密，细嫩多汁，风味浓甜，品质上等。可溶性固形物含量14.5%~17.3%，最高可达19.5%，维生素C930~1430μg/g。

2. 品种优势

米良1号猕猴桃在高、低海拔地区均能正常生长与结果，生态适应性良好，且丰产、稳产，果实品质优良，抗高温干旱能力强，具有较强的抗病虫能力，但在低海拔地区栽培，果肉红色变淡，以海拔1000m以上的地区栽培最能体现其果实红心的特性。米良1号猕猴桃更适宜于在海拔较高（1000~1500m）的地区种植，以充分表现其品种特色

七、秋香

由西北农林科技大学果树研究所与商南县林业局育成。果实长卵形果，果皮红褐色，果面密生短绒毛，不易脱落；平均单果重85.5g，最大71.5g；果肉翠绿色，多汁，香甜味浓；含可溶性固形物17.5%，维生素C40.6mg/100g；货架期、贮藏期较长。5月上旬开花，果实9月上、中旬成熟。

第三节   其他品种

一、软枣猕猴桃

"长江 1 号"树体抗寒性强，丰产，果实成熟期较早。鲜果品质优良，果实大，果皮光滑无毛，营养丰富，风味浓郁，商品性能优良，适宜鲜食。经区域多点试栽，苗木性状表现一致，遗传稳定性强。果实可溶性固形物含量 16.0%，可滴定酸含量 1.19%，氨基酸总量 1.16%，Vc 含量为 359mg/100g，品质上乘，耐贮性好。

图 2-13   软枣猕猴桃

二、脐红猕猴桃

'脐红'猕猴桃是'红阳'的芽变优系。果实近圆柱形，平均单果质量 97g。果皮绿色，无绒毛，果顶下凹，萼洼处有明显的肚脐状突起。果肉黄绿色，果心周围有放射状红色图案，肉质细，多汁，鲜果含总糖 12.56%，有机酸 1.14%，维生素 C0.972mg/100g，软熟后可溶性固形物 19.9%。树势旺，抗逆性较强。在四川成都蒲江县 9 月上旬成熟，耐贮性强。果型特点是花萼处有突起，"脐红"相对东红猕猴桃长势较弱，丰产性不强，适合搭配其他高产红心猕猴桃品种种植。在川西地区不建议大量发展，其他地区可以少量引种，如果试验表现好，可以适量推广。

图 2-14　脐红猕猴桃

三、农大猕香

果实近圆柱形，果形整齐，平均单果重 95.8g，最大单果重为 156g。果个大于徐香 5~10g。果皮褐色，果面被有茸毛。软熟后果肉为黄绿色，果心较小，果肉质细，风味香甜爽口。可溶性固形物含量 17.9%，总糖 12.5%，总酸 1.678%，Vc 含量 243.92mg/100g。陕西产区成熟期 10 月中下旬，果实后熟期 30~40 天，室温下存放 40 天左右，在 1℃±0.5℃条件下可贮藏 150 天左右。树势强健，结果性状稳定，丰产性好，果个大，果实整齐，果形美观，品质优良，较耐贮藏，抗逆性强。适宜在陕西关中及类似生态区域推广。

图 2-15　农大猕香

四、红什 1 号猕猴桃

红什 1 号猕猴桃是一个猕猴桃品种，选育单位是四川省自然资源科学研究院。"红阳"与"SF1998M"杂交，经多年试验选育而成，属红肉猕猴桃。雌性品种。树冠紧凑，长势较强，一年生枝条浅褐色，嫩枝薄被灰色茸毛，早脱，光滑无毛，皮孔长梭形、灰白色。叶扁圆形、钝尖，幼叶基部开阔，叶缘锯齿多，叶柄花色素着色弱。花芽易分化，花序数和侧花数较多。子房球形，纵切面淡红色。果实椭圆形，有缢痕，果顶浅凹或平坦，果柄较长而粗。平均单果重 85.5g。果皮较粗糙，黄褐色，具短茸毛，易脱落。果肉黄色，子房鲜红色，呈放射状。维生素 C 含量 147.1mg/100g，总糖 12.01%，总酸 0.13%，可溶性固形物 17.6%，干物质含量 22.8%。在什邡湔氏镇（海拔 700m）和都江堰市青城山镇（海拔 800m）4 月中旬开花，9 月上中旬成熟，属早中熟品种。

图 2-16　红什 1 号猕猴桃

五、金什 1 号猕猴桃

金什 1 号猕猴桃是四川省自然资源科学研究院、四川华胜农业股份有限公司，利用在江西奉新县采集的野生猕猴桃种子（编号 JXFX-CK04136），经实生选育而成的猕猴桃。为雌性品种，果实长梯形，横切面椭圆形，果喙端形状平，果实花萼环表现轻微，果肩呈圆形，果形整齐度较高；平均单果重 85g，果实纵径 5.5cm 左右，赤道横断面长径 5cm 左右、短径 4.8cm 左右；果柄长 3.8cm 左右；萼片脱落，皮孔突出，果皮黄褐色，表面均匀分布有中等量的黄褐色短茸毛，易脱落；果实后熟后果肉金黄色，果心黄白色。经检测：维生素 C 含量 205.2mg/100g，总糖 10.82%，总酸 1.43g/kg，可溶性固形物含量 13.2% ~ 17.5%。成熟期 10 月下旬 ~ 11 月上旬。

金 2-17 什 1 号猕猴桃

六、赣猕 6 号猕猴桃

赣猕 6 号猕猴桃是在江西省宜黄县从野生毛花猕猴桃自然群体中选出的果实易剥皮新品种。2014 年 12 月通过江西省农作物品种审定委员会认定。植株长势较强。开始结果期早，嫁接苗第 2 年就可开花结果，4~5 年后进入盛果期。连续结果能力强，徒长枝及多年生枝均可成为结果母枝，落花落果少。丰产性好，异位高接子一代第 2 年平均株产 5.5kg，第 3 年平均株产 12.5kg，第 4 年平均株产 21kg。耐热性强，抗湿性好，田间未发现溃疡病危害。

图 2-18 赣猕 6 号猕猴桃

七、瑞玉猕猴桃

瑞玉猕猴桃主要生在陕西省秦岭北麓，2 月下旬开始伤流，3 月下旬萌芽，4 月上旬展叶现蕾，5 月上旬开花，花期 5~7 天，果实 9 月中下旬成熟，果实发育期为 140 天左右，11月中下旬开始落叶，全年生育期 260 天左右。植株健壮，生长势旺盛，枝条粗壮、较硬，成枝力极强。开始结果早，嫁接苗木定植后第 2 年开始结果，第 3 年平均单株产量 17kg 以上，平均每亩产量 1800kg 左右，丰产稳产。

图 2-19　瑞玉猕猴桃

八、猕猴桃"佳绿"

从辽宁省桓仁县野生软枣猕猴桃群体中选育而来。2014 年 3 月通过吉林省农作物品种审定委员会审定。树势中庸、果形长柱形，耐贮性较好，平均单果质量 19.1g，最大单果质量 25.4g。果实绿色，光滑无毛，果肉细腻，酸甜适口，品质上等，可溶性固形物含量 19.4%，总糖 11.4%，总酸 0.97%，维生素 C1250.0mg·kg-1。在吉林地区，4 月 20 日前后萌芽，6 月中旬开花，露地栽培 9 月 3 日前后果实成熟。抗病能力较强，未发现主要病害，主要虫害为葡萄肖叶甲。发现时喷 18% 杀虫双水剂 500～800 倍液，安全间隔期 15d，每季最多使用 3 次。

图 2-20　猕猴桃"佳绿"

九、猕猴桃"红宝石星"

从野生河南猕猴桃中选育出的全红型猕猴桃新品种。2008 年通过河南省林木果树新品种审定委员会审定，并于当年完成农业部植物新品种保护登记。平均单果质量为 18.5g，总糖含量 12.1%，可溶性固形物含量为 14.0%。果实酸甜适口，有香味。成熟后果皮、果肉和果心均为红色。在郑州地区开花期在 5 月上中旬，花期 3~5d。临近成熟时果皮、果肉开始着色，8 月下旬至 9 月上旬成熟。11 上旬开始落叶，11 月中下旬完全落叶。抗逆性一般，不耐贮藏（贮藏期仅 2~3 天）。

图 2-21　猕猴桃"红宝石星"

十、宝贝星猕猴桃

宝贝星猕猴桃雌，叶呈长椭圆形，具锯齿。多花序，子房通常为长椭圆形。该品种是四川省新培育出来的一种猕猴桃。雌性品种，长势中庸，一年生枝条浅褐色，皮孔多，椭圆形。幼叶长椭圆形，先端锐尖，基部开阔，叶缘锯齿多。萌芽率较高，成枝力强，以短果枝结果为主。花芽易分化，花量大，多花序，侧花 1~3 个，花小，花蕊黑色，花柱呈水平姿势，子房长椭圆形。坐果率 90% 以上。果实短梯形，果顶凸，无缢痕，果柄短。果实小，平均单果重 6.91g。果皮绿色、光滑无毛，果肉绿色。在什邡湔氏镇（海拔 700m）4 月中旬开花，8 月上旬成熟；在都江堰虹口镇（海拔 1300m）5 月上旬开花，8 月下旬成熟，属中熟品种。

图 2-22　宝贝星猕猴桃

第四节　猕猴桃栽培品种结构类型

一、品种结构不能适应市场需求

我国传统节日决定了猕猴桃果品市场销量，就猕猴桃现有 100 多个品种看，要真正满足不同节日需求，品种结构还赶不上市场需要。就目前品种看。最早熟品种如红阳的最佳采收时间 9 月中下旬，中国传统节日中秋节还可勉强上市，但吃不出红阳品种特有品味，达不到最佳品质。到国庆节才是红阳品种上市的最佳时间。之后早进入市场的有华红、楚红、华优、亚特、海沃德、徐香、金香、秦美、米良 1 号、金魁。从 9 月到 11 月可陆续上市供应。

从现有品种看，猕猴桃早、中、晚熟品种可划分为：早熟品种 9 月上、中旬成熟，中熟品种 9 月下旬成熟，晚熟品种 10 月上中旬成熟，极晚熟品种在 10 月下旬至 11 月上旬成熟，如金魁可延长到 11 月上旬采收。晚熟品种耐贮藏，风味佳。货架期长。

二、从价格差异看品种搭配

2017 年猕猴桃品种间价格显出差异，2018 年差距拉大，如：早熟的红阳、华优 1kg9.0～13.6 元。中晚熟的亚特、金香、1kg3.2～3.6 元，海沃德、徐香 1kg3.6～5.20 元；晚熟的秦美 1kg2.2～2.4 元。最近秦美价格稳中有降，1kg 只卖 1.8 元。品种间价格差异大的原因：一是市场销量决定品种价格：二是高品味果消费者喜欢，愿出高价，买满意的好果：三是送亲戚、朋友、情人会得到对方的喜欢和好评，就是价高也不在乎。四是办事送礼，以独特的具高品味果易得到对方满意，办起事来也顺当，五是水果品种太多，随着人们生活水平提高喜欢选择具有独特风味的高档果。猕猴桃在中国刚刚兴起，风味独特含VC多，吃了健康多，有利于长寿，因而深受消费者欢迎，尤其是猕猴桃中极品红肉果具有独特风味和红心，更为消费者青睐。

猕猴桃早、中、晚品种搭配。一要看市场，二要看价格，价格不是唯一依据，应综合考虑各种因素才能搞好品种结构的调整。

三、品种结构搭配的依据

品种搭配比例不光依价格为依据，应综合考虑几种因素：一是品种的稳产性，如红阳667m² 产量一般1500kg，而海沃德667m² 产量2500～3000kg；二是品种的抗逆性，包括抗病虫危害、抗霜冻等，红阳抗病性不如海沃德；三是管理是否方便，易操作，有些品种管理要求较严，操作不当，有大小年，病虫危害也严重；四是看耐贮性、货架期，早熟品种大部分属中华猕猴桃，共同缺点是耐贮性不如美味猕猴桃系列，货架期短。

品种搭配上猕猴桃同其它果树品种一样，早熟品种货架期短，因而不要看一时价格，都盲目栽种早熟品种。通过比较，667m² 红阳产1500kg，平均10元1kg，667m² 收入15000元；海沃德667m² 产2500kg，1kg5.2元，667m² 收入达13000元，但海沃德贮藏性好，货架期长，销售中损失少。因而品种搭配应综合考虑。

可以看出，一个地区的品种搭配比例，就猕猴桃目前的品种看，提出早熟品种占5%，中熟品种占10%，晚熟品种占80%。

建议晚熟品种以徐香、金香、金早为主。极晚熟品种只有金魁，由于果形不正，影响销路。只可适当发展一部分。这样可形成红、黄、绿肉品种搭配，具有陕西特色的品种结构群。

四、良种要有良法

猕猴桃品种不同生物学特性都有差异，栽培上要有不同栽培方法，不可千篇一律，一个模式。例如：海沃德幼树前期以长树为主，不要结果，第5年挂果，产量才能提高，树形也能长大，前期挂果多树体小，很难长大，产量上不去，加之抗风性差，修剪上有别于其它品种。制定猕猴桃栽培方案，应不同品种提出不同栽培要求，极为重要。

五、如何调整品种比例

一是幼树按品种比例发展：二是大树高接换种，春天枝接，当年上架成形，第2年恢复产量。

总之，猕猴桃品种结构必须调整，才能适应市场要求。以市场为导向，综合考虑品种特性，品种结构调整才能落到实处，才有生命。猕猴桃产业才能做大做强。

第三章　猕猴桃溃疡病及综合防治技术

第一节　猕猴桃溃疡病的症状

一、发病特征

早春气温回升，猕猴桃根系吸收养分和水分通过枝干韧皮部和木质部往枝叶方向输送，输送过程中产生的压力差，流经已有伤口或皮层薄脆的部位产生树液流出现象。该部位已被溃疡病病菌侵染的流出的是白浓水或红水；未被病菌侵染的流出的是清水，几天内病菌侵染后流出浓水。

随着气温的回升，树体生长逐渐加快，细菌活力逐渐降低直至休眠。染病重的树体因溃疡导致树体营养的流失，而产生侧枝生长不良或枯死及整株生长不良或枯死的现象；染病轻的也就是树体养分流失较少的，在根系供应养分正常和叶片创造养分回流的情况下，树体伤口处养分充足，伤口逐渐愈合、自身免疫力增强，病原活力低、溃疡病症消失。但溃疡病因、病根仍在，在此后菌源不除、生长不良（树皮薄脆、有伤口易裂皮）的情况下，只要具备发病条件便会再次发作。

如上所述，危害重的当季出现枝干变黑、整株枯死或侧枝枯死的现象；危害轻的当季出现枝干变黑（轻于枯死）、叶片生长不良、勉强开花坐果的达不到优质果和商品果的要求。

图 3-1　溃疡病叶片症状

图 3-2　溃疡病主干症状

二、猕猴桃溃疡病影响因素

1. 品种的影响

不同品种的猕猴桃对溃疡病的抗病能力有所差异。何利钦等人就四川省猕猴桃溃疡病调研发现，"海沃德""徐香""翠香""翠玉"等品种发病率低，对溃疡病具有一定的耐病抵抗能力；"红阳""红华""金艳""金实"系列、"金红"系列等品种抗病力弱，发病率高。特别是四川广泛种植的"红阳"品种，极易染病，应引起重视。李森等人对研究安徽省主栽猕猴桃品种发现，"金魁""华软""美味硬"等品种抗病力较强，"海沃德"次之。而在陕西，申哲等人发现，"秦美"抗病能力更高，"海沃德"最低。

2. 地域的影响

对同一品种而言，地域也可能对猕猴桃溃疡病的抗病力产生影响。以"海沃德"为例，不同研究表明，在四川，"海沃德"具有较强的抗病力；而在安徽，仅为中等水平；在陕西，"海沃德"抗病力最弱。这与各地的海拔、气候有关。

3. 海拔的影响

海拔不同，猕猴桃溃疡病的发病情况也有差异。胡黎华等人通过对重庆猕猴桃发病情况调研发现，海拔 600m 以上的猕猴桃果园溃疡病发病严重，400m 以下往往发病较轻或未发病。这与何利钦等人的研究基本一致，即海拔高于 1000m 病害最重，海拔低于 500m 则发病率较低。

4. 树龄的影响

李有忠等研究发现，随着树龄的增加，猕猴桃树体营养消耗变大，树体抵抗溃疡病的能力变弱。何利钦等调研发现，3～10 年的猕猴桃应加强对溃疡病的预警防控，而 3 年以下和 10 年以上猕猴桃对溃疡病的预防可适当减弱。而在现实工作中，5 年生的猕猴桃却更易暴发溃疡病。

5. 其他因素

任茂琼等研究发现，土壤养分对猕猴桃溃疡病有一定的影响，江苏、新西兰等地发展势头较好的猕猴桃果园往往土壤氮含量较高，而北川土壤偏酸性，有机质含量低，不利于猕猴桃均衡生长，故而易于染病。陈虹君等认为，猕猴桃栽培技术对猕猴桃溃疡病影响重大，修剪、灌溉、防病等环节都十分关键。胡黎华等发现，果树负载量也会对猕猴桃抗溃疡病能力产生影响。王茹琳等指出，种植密度会对猕猴桃溃疡病发生情况产生影响。

第二节　猕猴桃溃疡病的发病规律

猕猴桃溃疡病是一种毁灭性细菌病害，具有范围广、致病性强、传播迅速、根除难度大等特点，已成为危害猕猴桃的最严重病害之一。那么猕猴桃溃疡病的发病规律是什么？

一、品种抗性

不同猕猴桃品种对溃疡病的抗性存在差异，其不同生育期的抗病性也存在一定差异。一般来说，中华系品种比美味系发病重。但值得注意的是，溃疡病的发生受气候特点、栽培条件、管理水平等多种因素的影响，所以也不能一概而论。

二、枝条、皮孔、气孔

不同品种的主干、侧枝和结果枝均能发病，但发病率有明显差异，以侧枝和结果枝发病为主。

不同枝龄比较，一年生枝条病枝死亡率和枝条死亡率最高。

菌脓出现位点以皮孔为主，其次为枝杈裂缝、伤口及芽眼。年生枝条孔越长，且皮孔密度越大，植株相对发病率越高。

枝条皮孔密度和长度以及气孔密度、长度和宽度与品种发病率都有较高的相关性。角质膜越厚，皮层厚壁细胞壁厚度越厚，皮层所占比例越小，品种的抗溃疡病性越强。

三、树龄

树龄越大，溃疡病的发生率和感病指数越高。在经常发生该病害的园区这种规律特别明显，且发病更严重，原因主要与树势及病原菌累积量有关。

四、其他性状

由于猕猴桃雌雄株生理差异的关系，一般雄株较雌株发病严重。原因在于早春时节为溃疡病病原菌开始活跃的关键时期，而雄株的伤流期、开花期较雌株早，病原菌在其体内的活动时间相应提前和延长，雌株恰好相反。

五、温度

溃疡病发生的早晚和危害程度的高低年份取决于极端低温（-12℃）出现的早晚和高低。冬季及初春温度的急剧变化，是导致溃疡病发生流行的关键因子，低温有利于该病发生，高温阻碍其流行。

六、霜冻

猕猴桃细菌性溃疡病的发生与霜冻存在一定的关系。无霜期越短，发病越严重，反之，则越轻。这是因为霜冻时间越长，树体易受冻伤，导致树势衰弱，对溃疡病的抗性也随之降低。

七、降雨

溃疡病田间传播媒介为雨水，雨水多易使症状加重，菌量增加。在春季低温与雨水的双重作用下，病斑处流脓剧烈，田间发病增多。

八、海拔

海拔 750m 以上的果园发病要较平原地区重，这是因为冬季温度低，果树容易受冻害，降低了树体抗性；同时海拔较高的山头，无防护林和高大树体遮挡，容易造成树干及叶片受强风吹打碰撞形成伤口，增加了感病几率。

九、坡向

向阳坡发病重于背阳坡，南坡猕猴桃溃疡病重于东、西坡向，原因是向阳坡、南坡白天受光强度和日照时间分别高于背阳坡和东西坡向，树皮膨胀明显，夜晚温度下降后树皮受冷后收缩，昼夜温差大，造成猕猴桃生理适应性降低，树体易受冻害，从而降低抗病性。

十、栽培管理

灌溉、施肥、修剪、防病等管理精细、栽培技术水平高的猕猴桃园区溃疡病发病率低。栽植密度越大的园区，病害发生越严重。这是由于栽植密度大导致园区内的通风透光性差，湿度大，有利于病原菌的侵入、传播和危害。

第三节 猕猴桃溃疡病的防治方法

一、防治原则和要求

"预防为主，综合防治"的原则，要求选用优良抗病（耐）品种和砧木为前提，以控制产量培养树势为重点，综合运用农业、物理、生物及化学药剂等主要防治措施。抓住秋季预防与春季治疗的关键时期，实行统防统治、全程防控，实现优质丰产稳产目标。

二、防治技术要点

1. 选用优良抗病砧木和品种

选用野生猕猴桃或秦美猕猴桃果实种子播种砧木与采用优良抗病品种是防控溃疡病的基础。要选用适宜当地生产的优良抗病品种，如徐香、海沃德、金魁、华优等。发病严重的区域要慎重发展易感病的中华猕猴桃品种，如红阳、西选 2 号、楚红、黄金果等。避免中华猕猴桃与美味猕猴桃混栽。

2. 栽植无病苗木建园，防止嫁接传染

选用健壮无病苗木建园，防止接穗与砧木带菌，杜绝嫁接传染。嫁接前应对采集的接

穗用臭氧进行表面消毒（将接穗装入密闭的塑料袋内，通入臭氧气体 30～60 分钟）；嫁接使用的刀剪用具每使用一次需用 75% 酒精或过氧乙酸消毒处理，严防工具传染；对嫁接口、剪口等伤口涂药保护树体（20% 噻霉酮 20 倍液或 5% 菌毒清 30 倍液溃腐灵原液涂抹）。对首次引进调入的猕猴桃苗木、接穗等，应由业务部门严格检疫，防止病原传入非疫区。若发现带病苗木、接穗，立即就地销毁，杜绝病原的扩散。

3. 清洁果园环境

果园初次出现零星病株时，应立即销毁病株，彻底杜绝蔓延。将修剪的病枝、刮除树干的粗老翘皮、病叶或病果清除出果园，集中烧毁并深埋，减少侵染源，以免病害在果园扩展蔓延。及时清除溃疡病的野生寄主、转生寄主如大豆、蚕豆、番茄、魔芋、马铃薯和洋葱等。

4. 合理负载、平衡施肥

在科学修剪的基础上，依据树龄、树势确定适宜的果实负载量，合理负载培育健壮树势，增强抗病性。推行"提早疏蕾（疏梢）、花期充分授粉、花后疏早定果、及时摘心剪稍"的平衡生殖和营养生长措施。当显蕾后中华猕猴桃的长结果母枝隔一个结果枝去除全部花蕾，有效降低挂果量。美味猕猴桃按强果枝留 3～4 果。中庸果枝留 2～3 果，弱果枝留 1 果或不留。中华猕猴桃亩产控制在 1000～1500kg（70～130g/果），美味猕猴桃亩产控制在 2000～2500kg（80～150g/果）。

应增施有机肥、微生物菌肥，配合施用腐植酸肥及中微量元素肥，减少化肥用量；推行平衡、配方施肥。氮磷钾配比：幼树期 4～8：2.8～6.4：3.2～7.2；初果期 12～16：8.4～12.8：9.6～14.4；盛果期 20：14～16：16～18。果实采收前后（9 月下旬～10 月中下旬）施入腐熟有机肥 3～5 吨/667 平方，加入年氮、磷肥 60%，并加入适量生物菌肥、腐殖酸肥和多元矿物微肥；花前追施年氮肥量 20%，果实膨大期追施年氮、磷、钾肥量 20%；全年叶面喷肥 4～6 次，采果后结合喷施防溃疡病药剂，加入 0.5% 尿素液 +0.2% 有机钾肥或 0.5% 硫酸钾。提倡树盘覆草，树行种植白花三叶、毛苕子、绿豆等绿肥，改善果园环境，提高土壤肥力，降低生产成本。

5. 预防低温冻害

栽植红阳、徐香等易受冻品种，应在提早施入基肥的基础上，秋末冬初采取树干缠草、基部培土、树盘灌水等预防树体受冻的措施，减少冻伤口，防止病菌入侵。冬末春初，进行树干涂白，防止晚霜冻和日灼，兼有杀菌、治虫等作用。熬制石硫合剂剩余的残渣液可以配制成为保护树干的涂白剂。或喷施碧护 15000 倍液 + 靓果安 300 倍液 + 有机硅 3000 倍 + 红糖 150 倍液 1～2 次，预防冻害。

6. 药剂防治

溃疡病药剂防治实行全程覆盖。

8月下旬～果实采收后（10月份）：可选喷农用链霉素1000倍液或1.5%噻霉酮600～800倍液或中生菌素600倍液或5%菌毒清水剂500倍液或靓果安300倍，每10～15天喷一次，连喷3～4次，交替使用药物。其中9月份，对易感病品种于嫁接口上下、枝蔓分叉处纵划并涂抹溃腐灵水剂涂抹1～2次，每次间隔7～10天。

果树落叶后（11月份）：对树干枝蔓均匀喷溃腐灵60倍液1次（第一次清园），喷药做到全面、周到、彻底，树干枝蔓呈"淋洗状"，支架地面全部喷到。防止溃疡病菌从果柄、叶柄痕向枝蔓内侵入。

果树冬剪后（12～1月份）：涂树干，用溃腐灵作母液，，加入防冻剂（海藻糖）和少许盐和油脂，制成稀糊状液体，用刷子均匀涂抹在树干、主枝与剪锯口上，免受溃疡病菌侵染。

早春发病期（2～3月份）：每4～6天全园检查病斑1次，采用随发现随刮除病斑涂药，治早治小。对染病主干、主蔓后尚未造成皮层环剥时，应彻底刮除病斑，涂药范围应大于病斑范围2～3倍，药剂有梧宁霉素＋溃腐灵30倍。刮治应在阴天或下午进行。

萌芽后至开花前：可选喷1.5%1噻霉酮600～800倍液或靓果安300倍液＋沃丰素600倍液连喷2～3次。

果实膨大期（5～7月份）：对已控制的病斑去除病部翘皮，对全部病斑（包括露出的木质部）涂抹溃腐灵，促进病斑愈合。若发病严重，须将枝干从好皮以下处剪锯除并烧毁。

第四章　猕猴桃花腐病及综合防治技术

第一节　猕猴桃花腐病的症状

　　猕猴桃花腐病是从事猕猴桃种植过程中的一种病症，这种病症一旦发生，对猕猴桃的影响是非常大的，那么猕猴桃花腐病的病症表现有那些呢？

图 4-1　猕猴桃花腐病

一、花芽被感染

　　猕猴桃花腐病发生后会感染花芽，感染轻的花蕾褐变萎缩、开花迟缓，也有花芽感染后花瓣半开或无法展开，花呈暗黄色剥开花芽可见到呈褐色的腐烂组织，另外花芽感染后虽经授粉但不能正常受精，花芽柱头变黑、果实小而少、畸形，切开可见空心组织变褐坏死，也就是雌花中部分花药和花丝变褐腐烂，病情仍可扩展致使全部花药和花丝腐烂。

图 4-2　花芽被感染

二、花芽脱落

　　严重感病的花芽全部腐烂很快脱落，花柱发病后则停止发育变褐，花易脱落或发育成畸形果，明显表现在花后一个礼拜内幼果园因受精不良而大量脱落，从而影响猕猴桃坐果，会严重影响到猕猴桃的产量。

图 4-3　花芽脱落

三、叶片干枯

　　猕猴桃花腐病带菌的花瓣落在叶片上还会引起叶斑病，叶片染病后叶缘卷曲干枯，病叶正面病斑呈暗褐色，周围有淡黄色晕圈，背面叶斑呈灰褐色，进而导致病菌很快侵染至幼枝，使感病幼枝软化失去支撑力，有的枝条软得像面条一样，从感病的春天枝条开始软化生长直至夏天、秋天，有的全树软化枝条像垂柳一样，叶片失去光泽颜色枯黄，从而很难形成花芽。

图4-4 叶片干枯

四、果梗坏死

猕猴桃花腐病发病过程中如遇阴雨天气，则病情就会迅速扩散，如遇高温干旱则病斑停止扩散，感病叶片逐渐凋萎、脱落，感病花瓣残留在幼果梗上，很快使幼果梗变软，果梗组织坏死，病菌即从幼果梗伤口侵入幼果内，使幼果心组织霉烂、软腐，迫使幼果脱落。

图4-5 果梗坏死

以上就是猕猴桃花腐病病症表现的介绍，猕猴桃感染上花腐病后会出现花芽萎缩、花芽脱落、叶片干枯、果梗坏死等症状，所以我们平时在从事猕猴桃种植的过程中要勤加检查，一旦发现这种情况就及时进行防治以免造成损失。

第二节　猕猴桃花腐病的发病规律

猕猴桃花腐病是由假芽孢杆菌等多种细菌引起的细菌性病害，如果当年春季溃疡病发生严重，相应花腐病也会可能严重发生的态势。病菌在病残体上越冬，主要借雨水、昆虫、病残体在花期传播。该病的发生与花期的空气湿度、地形、品种等密切相关。发病条件是春季降雨偏多，持续阴湿天气容易诱发。花期遇雨或花前浇水，湿度较大或地势低洼、地下水位高，通风透光不良等都是发病的诱因。

发病程度与开花时间密切相关，花萼裂开的时间越早，发病越严重。从花萼开裂到开花时间持续得越长，发病越严重。无论哪个品系与品种，雄树易感染；中华系易感染；地块低洼园区易感染；幼树与初果树易感染；溃疡病发生严重的园区与植株易感染。

一、花腐病的病原

多数文献报道猕猴桃花腐病是由细菌侵染引起，首届中国林业学术大会论文集，田呈明等人 2005 年《陕西猕猴桃花腐病和叶围微生物的初步研究》报道，猕猴桃花腐病的病原是复杂的，不一定是细菌，也许跟钙质等元素的缺乏导致组织坏死有直接关系。说明猕猴桃花腐病可能是细菌性病害，也可能是营养缺乏引起的病害。

二、发病的原因

（1）用感染花腐病的花粉授粉

有些果农对病原传播的认识不足，在花粉的采集制作过程中将感染了花腐病的雄花花粉一并采集，用含有花粉病的花粉进行授粉使雌花感染花腐病；有些花粉生产企业没有花粉生产基地，在花粉生产过程中从果农手中收购雄花，有些果农将感染了花腐病的雄花卖给花粉生产企业，花粉生产企业生产的商品花粉携带有花腐病，果农在购买了商品花粉授粉以后雌花感染上花腐病。

（2）用感染花腐病的种子、接穗和苗木建园，促进了花腐病的传播。

（3）摘除副花在花柄上造成伤口不能及时愈合，成为花腐病侵染的门户，促进花腐病的感染传播。

（4）低温多雨加速花腐病传播感染

例如 2019 年周至、眉县产区低温持续时间较长，花蕾期的 4 月 26～27 日降水 2 天，花期 5 月 5～8 日降水 4 天使花期前后温度降到 10℃左右，花腐病又是一种低温病害，靠雨水传播，降雨低温加速了花腐病的感染传播。

（5）营养不良容易感染花腐病。树势较弱，营养不良，抵抗能力差容易感染花腐病。

第三节　狝猴桃花腐病的防治方法

一、农业措施

（1）不用感染花腐病的雄花采集花粉。果农自制花粉和花粉生产企业生产商品花粉都不能使用感染花腐病的雄花生产花粉。要加强自律自我约束，加强检验检疫，不使用，不收购感染花腐病的雄花采集花粉，绝对保证生产的花粉不带花腐病，避免授粉时花腐病传染给雌花。

（2）不用感染花腐病植株上的果实种子、接穗培育苗木，不用带有花腐病的苗子建园，以防花腐病的传播。

（3）摘除副花注意在天气晴朗的上午进行，以便花柄上产生的伤口及时愈合，防止花腐病的侵染传播。摘除以后及时喷药保护花柄上造成的伤口，避免花腐病感染，减少花腐危害。及时捡拾发病的花蕾和花朵，带出园外销毁或深埋，减少园内病源数量。

（4）加强水肥管理，多施有机肥，避免树势虚旺。采果后9月至10月每亩施有机肥2500 kg，生物菌肥400 kg，每株施钙镁磷肥1kg、硼砂50～100 g；春季花蕾显白前叶面喷施钙硼速效肥料2～3次，增强细胞活力。硼砂隔年施1次，或次年减少施用量。对挂果较少、营养枝粗壮的植株，在秋冬季施肥时斩断部分主根，降低植株对水分和氮素吸收量，提高细胞质浓度和C/N比，提高花芽质量。

（5）加强果园管理，改善园内通风透光条件，降低园内温湿度，创造不利病害发生的环境条件，抑制花腐病的扩展蔓延。对于冬剪留条过多、架面比较郁闭的果园，要及时疏除过密的枝条，促进果园通风透光能力，降低田间湿度。易积水果园及时做好排水工作。

（6）环剥。主杆环剥应在开花前一个月进行，在距离地面30 cm的主干位置进行环剥，宽度1～2 cm，能有效降低花腐病感染率。环剥从试验对照来看对树势没有影响，能使叶部光合产物暂停向下输送，集中供给花和果实，提高了对花腐病的抵抗力。

二、化学措施

（1）采果后用金力士1500～2000倍全园喷布，减少病原基数。萌芽期、萼片开裂初期至花蕾膨大期，用春雷霉素、农用链霉素等交替喷布全树、全园。

（2）现蕾初期全园喷布杀菌剂，如嘧霉胺、中生菌素、多抗霉素等，喷药时要认真，不能走马观花走过场，药剂要轮换使用。对发病严重的地块或品种，最好是保护剂（常用的有炳森锌、代猛悬浮剂等）和治疗剂混合使用，以达到治疗兼保护的目的。

（3）个别树体发生极少花腐病，可人工剪除病枝，防止雨水带菌传播。尽量减少树体伤口。

三、猕猴桃花腐病的防治实例

卢氏县地处豫西山区，是国家级贫困县，横跨崤山、熊耳山、伏牛山三大山脉，以熊耳山为界，南部为长江流域，北部为黄河流域，非常适合猕猴桃生长。卢氏南部生产的猕猴桃以汁多液浓、清香鲜美、酸甜适中的优点而受到市场的认可。卢氏县从 1999 年起开始规模种植猕猴桃，到 2017 年发展总面积已达 3200hm²，产量达到 5.25 万 kg/hm²，平均纯收入在 30 万～37.5 万元 /hm²，总产值 1 亿元。红心猕猴桃已成为当地农民脱贫致富的主导产业。但由于近年来，猕猴桃花腐病在卢氏县猕猴桃主要种植区都有发生，有的地方甚至严重影响到了农户的产量和收入。为此，实例于 2016—2017 年对卢氏县猕猴桃园进行了走访调查和抽样调查，初步探索了猕猴桃花腐病的发病规律，并提出了相应的防治对策，为生产防治提供参考依据。

1. 材料与方法

（1）材料

以卢氏县近几年新引进主栽品种徐香、米良 1 号、华美 2 号、秦美等为调查对象。猕猴桃花期集中在 4 月中下旬，而华美 2 号、秦美的开花时间集中在 4 月中旬。

（2）方法

采用走访和定点相结合的方法进行调查，于 2018 年 4~5 月分别定点调查了同为缓坡台地的桑坪镇、瓦窑沟乡花腐病的发生情况，每个品种随机抽样调查 500 穗花。不同品种的猕猴桃花腐病的发病情况如表 4-1 所示。

表 4-1　不同品种猕猴桃花腐病发病情况

品种	地点	病穗数（穗）	病果率（%）
徐香	瓦窑沟村	172	34.4
米良 1 号	西大坪村	97	19.4
华美 2 号	里曼坪村	29	5.8
秦美	西大坪村	17	3.4

2. 结果与分析

（1）花腐病的病原特征与发生规律

猕猴桃花腐病在我国近几年的报道已经不少，2013 年，卢氏县少数果园有花腐病危害；2015 年初夏，在全县猕猴桃主要种植区都有发生，有的地方甚至影响到了农户的产量和收入。瓦窑沟乡有 30% 的猕猴桃果园发生了花腐病，2017 年 4~5 月，瓦窑沟乡、双槐树乡、狮子坪乡、徐家湾乡、潘河乡等卢氏南部乡镇投产果园中有 60%～70% 果树受害，产量损失达到 40%～60%，这给卢氏县的猕猴桃产业造成重创。据武汉植物研究所张胜菊等的研究报道：猕猴桃花腐病主要是细菌性花腐病，发病率达 36.7%。病原有 2 种，一种是绿黄假单胞菌（ *Pseudomonas.Viridnn*□，一种是丁香假单胞菌（ *P. syringaepv.syringae*）。绿黄假单胞菌症状：花轴表皮变褐，病斑沿花轴逐渐向整个花序扩展；花序皱缩干枯呈萎蔫状，后期花序脱落后，花序基座上产生黑色小点，是病原菌的分生孢子盘。丁香假单胞菌症状：花序发病，病斑灰褐色，病蕾变褐枯死，花受侵害时，部分花瓣变褐色皱缩腐烂；湿度大时，上面常有灰色霉状物出现。2种病原菌适生温度 5 ~ 35℃，25℃、20℃分别为最适生长温度。pH 过高或过低对两者生长均不利。

（2）品种与花腐病发生的关系

据统计在相同条件下，徐香更易感病，这与王博等在陕西城固产区调查的结论一致。秦美有轻微感病，不影响正常的产量；米良 1 号产量则受到一定的影响。猕猴桃花腐病使花瓣变褐腐烂，雄蕊边为黑褐色，在花萼上出现下凹斑块，花蕾膨大花瓣呈橙黄色，内部器官呈深褐色，花蕾不能开放，终至脱落。病原从花瓣扩展到幼果上，引起幼果变褐萎缩，病果易脱落。正常花营养消耗大，前期感染花腐病，花穗干枯，部分晚夏稍抽的花穗弱，坐果率低、果小且品质差，成熟期晚，有些果甚至到 10 月底才成熟，失去了市场优势，经济效益低。

（3）气候因素对花腐病发生的影响

卢氏南部属于暖温带大陆性季风气候，干湿季节明显，雨季集中在 4~10 月。调查发现，2018 年卢氏县花腐病发生时期主要为 4 月中旬和 5 月上旬，受害的均在 4 月上旬盛开的花。通过对 1971—2000 年 1~12 月的平均气温、平均最高温度、极端最高温度、平均最低温度、极端最低温度、平均降水量、降水天数等分析来看，4 月中旬和 5 月上旬的降水量在 1 年中呈增多趋势，此期正值猕猴桃花期和幼果期，是花腐病的高发期，幼果严重"脱落"。田间调查的结果表明，猕猴桃花腐病与气候密切相关，发病率与花期的降水量呈正相关，这与一些相关研究结论相吻合。

（4）管理水平对花腐病发生的影响

虽然气候因素对花腐病的影响为不可控因素，但是在调查不同类型和不同管理水平的果园时，我们发现较高的管理水平可以大幅降低花腐病的发生几率。瓦窑沟乡西大坪村发展猕猴桃较晚，种植户积累的管理经验较少，大部分园地都是麦田或粮作地改的果园，这个村主栽徐香品种。随机抽样发现，病穗率平均达 46.6%，个别果园更严重。而同样是粮作田改种的桑坪镇大坪地村，由于管理水平高，果园排灌系统好，通风透光、预防及时，几乎没有发生花腐病。

3. 结论与建议

（1）结论

花腐病是近年来在卢氏县发生较重的猕猴桃花期病害，国内除卢氏县外，陕西、湖北等地也有对花腐病的报道。花期空气湿度大、有适宜病原菌孢子萌芽和生长的温度，是花腐病的主要发生条件；品种对花腐病的抗性有显著差异，如华美2号、秦美比较抗花腐病。

可以认为，早花控制、花期钻蛀性虫害和花腐病防治是目前卢氏县猕猴桃花期管理的最关键的3个环节。虽然目前花腐病对卢氏县猕猴桃产量的影响不大，但一旦感染就难以治愈，因此要树立防控的观念，做到预防为主。

（2）建议

花腐病的防治主要做好以下几点：

1）选用抗病品种进行种植。

2）及时摘除病花穗，运离果园焚烧处理，并做好冬季清园工作，减少病原菌基数。

3）做好开花前期果园的杀菌预防工作，及时摘除染病的花蕾和花，萌芽前、萌芽至开花前，采果后各喷药防治1次，药剂可用100mg/L的农用链霉素；注意交替用药，以免病菌产生抗药性。

4）做好果园管理工作，尤其注意及时修剪，保持果园通风透光，同时土质差的园地要改土，增加保水保肥性，土质粘重园地要理好排水沟，防止果园积水。

第五章　猕猴桃褐斑病及综合防治技术

第一节　猕猴桃褐斑病的症状

褐斑病是猕猴桃主要叶部病害，发病严重时造成病叶大量枯卷或提前脱落，果实出现萎蔫和软化现象，从而影响猕猴桃商品性。猕猴桃褐斑病引起落叶后，结果母枝上抽发大量新梢，不仅消耗树体养分，而且减少了来年的结果枝数量，最终导致第二年产量下降。

图 5-1　褐斑病导致猕猴桃树早期落叶

一、猕猴桃褐斑病的研究概述

猕猴桃褐斑病是一种由真菌引起的叶部病害，5~6月份为病菌侵染高峰期，病菌从叶背面入侵，7~8月份为发病高峰期，在高温高湿的条件下发病严重。发病时，叶片出现病斑，病斑中央为浅褐色，边缘深褐色，具有明显轮纹，环境潮湿时病斑上形成大量灰黑色霉层。最后导致叶片干枯、早落、影响猕猴桃植物的光合作用，植株长势较弱，进而诱发其他病害的发生（如溃疡病）。猕猴桃褐斑病在四川省的主栽品种红阳猕猴桃的田间发病率基本在90%以上，金艳猕猴桃的发病率也达到了50~70%之间。

引起猕猴桃褐斑病的病原真菌主要为多主棒孢菌、小球腔菌、链格孢菌、茎点霉菌等。

有研究对四川省主要猕猴桃种植区蒲江、都江堰、邛崃、苍溪、荥经、双流等地猕猴桃进行了病原菌生物多样性及其生物学特性进行研究。通过对猕猴桃褐斑病叶上分离菌株进行鉴定，得到的 84 个菌株为多主棒孢菌。多主棒孢菌属于子囊菌门、座囊菌纲、格孢菌目棒孢科、棒孢属。病原菌的孢子成棒棍状或圆柱形，单生或 2-7 个串生，菌株在培养过程中会产生不同的色素，如灰色，浅灰色、灰绿色，以及少量的黄色和浅红色。多主棒孢在自然条件下的寄主较多，可在黄瓜、橡胶、茄子等作物上寄生，且引起较为严重的危害。通过 UPGMA 建树分析表明，四川地区猕猴桃褐斑病的致病菌多主棒孢菌主要分为四大类群，且不同地区、不同品种以及同一地区、同一品种的猕猴桃病原菌多主棒孢菌叶具有差异性。因此，多主棒孢菌在不同环境因素的影响下进行不断的变异与进化。同时，通过 ISSR 聚类树状图分析表明，不同区域的猕猴桃多主棒孢菌存在较大差异，但其对猕猴桃的致病性仍然较强。因此，了解猕猴桃褐斑病的抗性品种在田间栽培十分重要。

有研究通过连续三年田间自然诱发和室内离体接种鉴定，对 42 种猕猴桃品种进行多主棒孢的抗性评价，研究了不同猕猴桃种质材料对褐斑病的抗性差异。结果表明，四川的主栽品种红阳高度感病，但金艳、金果等栽培面积较大、品质较好的品种抗病性较好。因此，在品种选择时应结合当地实际情况选择抗病品种或适当搭配抗病品种。野生材料整体抗性水平高，对于挖掘猕猴桃抗褐斑病的抗源材料具有广阔前景；组合材料是通过杂交的方式，将父本和母本的优良性状结合，是培育猕猴桃新品种的重要来源。猕猴桃抗性品种的选育对猕猴桃的栽培十分重要，同时了解猕猴桃在田间栽培的发病规律，能够较好的规避不良生长条件，从而尽可能的避免褐斑病的发生。

研究表明，猕猴桃幼龄果园发生褐斑病的病叶率和严重度低于成年果园。原因如下：该病害主要在地面的枯叶中越冬，春季的菌源量主要来源于枯叶中存活的菌丝体，幼龄果园的菌源积累较小，所以危害较轻。另外和植物本身的营养有关，每年果实要带走大量的营养，猕猴桃种植后 3 年才开始结果，幼龄果树的营养流失少，使其反而比成年果树抗病，在猕猴桃果园中发现同为红阳后代的雄株发病较轻，雄株不结果，营养流失也较小。因此营养元素对植物抗病的作用较大，成年果树因为结果带走了大量的微量元素，猕猴桃对各种微量元素的需求量大，由果实带走的养分可能给植株的抗病性带来不利影响。

同时，高海拔地区的果园发病较轻，病叶率和严重度都较低。四川高海拔地区夜间气温较低（< 20℃），病原菌在寄主体内生长缓慢。高海拔地区春季升温晚而冬季降温早，病原菌的生长发育期较短，危害较轻。高海拔地区冬季的低温也会对病原菌的越冬产生不利影响。

猕猴桃褐斑病主要危害猕猴桃叶片，会造成叶片大量脱落，发生严重时可造成猕猴桃减产。目前对于猕猴桃褐斑病的防治主要以化学防治为主，防治药剂主要参考其他叶斑病防治药剂，种类主要为多菌灵、甲基托布津、代森锰锌、戊唑醇、氟硅唑（福星）、苯醚甲环唑（世高）、嘧菌酯等药剂。赵金梅等，对陕西省中华猕猴桃上的褐斑病进行了病原菌的分离和鉴定发现，猕猴桃褐斑病的主要病原菌为链格孢，并针对链格孢进行了药剂筛选试验表明，氟硅唑、10% 苯醚甲环唑、异菌脲、10% 多抗霉素对链格孢抑制效果较好；崔永亮对四川省的猕猴桃褐斑病进行病原菌鉴定表明，引起猕猴桃褐斑病的主要病原菌为多主棒孢菌，嘧菌环胺和四氟醚唑对褐斑病病原菌菌丝的抑制效果较好；白伟等，利用 60% 吡唑醚菌酯·代森联水分散粒剂对猕猴桃褐斑病进行防治后效果较好；刘国池等发现在猕猴桃发病初期（5~6 月），用 70% 托布津 1000 倍液或多菌灵 800 倍对褐斑也有较好的防效；因此，80 年代到目前为止，关于猕猴桃褐斑的化学防治的药剂目前没有更新，传统的化学药剂会导致较强的抗药性。植物源农药用于防治猕猴桃褐斑具有较好的应用前景。崔永亮筛选了 192 个植物源成分，发现了土荆皮乙酸、左旋紫草素等 5 种植物成分对猕猴桃褐斑病菌具有明显的抑制作用。刘欣采用 0.5% 小檗碱水剂防治猕猴桃褐斑病田间防治效果较佳。因此，开发植物源农药是猕猴桃褐斑病的防治的重要途径。

除了施药防治的手段，良好的田间管理措施可以减少病害的发生及蔓延。如根据需肥规律进行营养管理，增施有机肥和菌肥，改善土壤质量，保障树体营养供给。注意果园的排水和疏水，避免积水等现象发生。在高温高湿的夏季进行合理修剪，增加果园透光性，降低田间空气湿度，从而控制病害蔓延。冬季及时进行清园，扫除落叶落果，彻底清除病残体，可减少田间病原菌，降低病害感染率。

猕猴桃褐斑的病原生物学特性、致病机理及防控目前在我国研究较少，但引起猕猴桃褐斑的真菌病原多主棒孢在黄瓜及橡胶等作物的研究较多，可作借鉴。同时，由于同一真菌在不同寄主上的生理特性不同，且引起猕猴桃褐斑的病原菌种类较多，因此明确猕猴桃褐斑的致病机理及有效的生物、化学防控方法对于猕猴桃产业的发展具有重要意义。

二、猕猴桃褐斑的症状表现

发病部位多从叶缘开始，初期在叶片正面出现褐色小圆点，渐渐扩展变大，之后小斑融合成大病斑呈焦枯状。高温下染病叶片向叶面卷曲，易破裂，后期干枯脱落。

图 5-2　猕猴桃褐斑病危害症状（前期）

图 5-3　猕猴桃褐斑病危害症状（后期）

图5-4　猕猴桃果实出现萎蔫

第二节　猕猴桃褐斑病的发病规律

猕猴桃褐斑病病原菌一般以菌丝体或分生孢子的形态在病残体中进行越冬在第2年春天气候回暖时开始侵染。叶片一般在6月上旬开始发病到7月中下旬进入发病的高峰期8月会造成严重的落叶现象在高温高湿的条件下发病较重。

一、侵染规律

猕猴桃褐斑病主要为害叶片，也为害果实和枝干，是猕猴桃生长期严重的叶部病害之一，会导致叶片大量枯死或提早脱落，严重影响果实产量和品质。

猕猴桃褐斑病是真菌病害，病菌可以同时以分生孢子器、菌丝体和子囊壳存在，当年在病残落叶上越冬。翌年春季萌发新叶后，产生分生孢子和子囊孢子，借助风雨飞溅到嫩叶上，萌发菌丝进行初侵染和多次再侵染。5~6月份为病菌侵染高峰期，病菌从叶背面入侵。7~8月份为发病高峰期。地下水位高、地势低洼、排水不良的果园发病较重；果园管理较差、栽植密度大、留枝过量、通风透光差及果园湿度过大均会导致该病害大发生。

二、发病规律

高温高湿易发病，在抽梢、现蕾期，发病部位从叶缘开始，发病初期，多在叶片边缘产生近圆形暗绿色水渍状斑，在多雨高湿的条件下，病斑迅速扩展，形成大型近圆形或不规则形斑。后期病斑中央为褐色，周围呈灰褐色或灰褐相间，边缘深褐色，其上产生许多黑色小点。受害叶片卷曲破裂，干枯易脱落。潮湿条件下病组织产生黑色霉层。果面感染，则出现淡褐色小点，最后呈不规则褐斑，果皮干腐，果肉腐烂。后期枝干受害后呈褐色，最后导致落果及枝干枯死。

三、中华猕猴桃果树褐斑病的发病规律

通过对病害严重的中华猕猴桃果树进行调查，发现病害伴随果实整个生长期，发病严重的果树落叶、落果现象严重。根据发病情况的不同，将发病果分成两种类型。一种病症是果实呈软腐状，病斑多发生在果皮附近，扩展蔓延后向果梗部深入，可导致猕猴桃果实腐烂，褐斑较多（图5-5B、D）。另一种病症是果实并未呈现软腐状，病斑仅出现果皮附近，且病斑处组织细胞均木栓化，病斑处果面凹陷，（图5-5A、C、E）。但在采收期果面凹陷、破损的果实会被剔除，留下完整、健康的果实装箱进入冷库，果实进入贮藏阶段，在果实贮藏的3~4个月后，病害多发生在。初期在果实表皮处出现褐色斑点，果面平整并无凹陷（5-5F），随着果实在冷库中贮藏时间的延长，褐斑逐渐扩大，形成大片褐斑，当病斑直径扩展至大于3cm后，果面逐渐凹陷。感病叶片一般从边缘开始干枯，病斑顺着边缘扩散，形成不规则形状大枯斑，向上卷曲破裂，直到整片树叶干枯凋落。

A、B：三个月的华优幼果；C、E：成熟期的华优病果；D：贮藏期的华优病果；F：成熟期豫皇一号病果；
G：猕猴桃健康组织；H：猕猴桃褐斑病组织

图5-5 中华猕猴桃褐斑病病害症状

挑取猕猴桃病斑组织，将其置于显微镜下观察，并设置健康果实与褐斑病病果进行比对（图5-5G、H）。由图可发现猕猴桃病斑组织中有大量的菌丝，可明显看清菌丝有隔膜，可初步判定此菌为丝状真菌—霉菌。由于伴随着猕猴桃的贮藏时间的增加，猕猴桃病斑组织中也会存在大量内生菌，所以也不能断定显微镜下所显现的丝状真菌就是猕猴桃褐斑病的病原菌。病原菌还需进一步的分离筛选。

1.病原菌的分离、纯化及形态学特征

用常规组织分离法对病斑组织分离培养，从大多数病斑块上分离得到了丝状真菌，并未分离出细菌与放线菌。因在PDA培养基中，真菌菌丝生长量大，生长速度快，故菌落的纯化及保存均使用PDA培养基。随机抽取部分病果对其进行病原菌的分离，共分离出3种疑似致病真菌，编号为J1-J3。

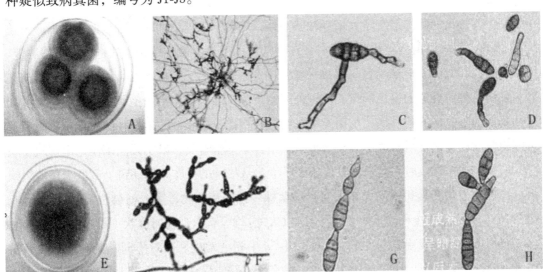

A：PDA培养基上的菌落；B：PCA+滤纸上菌丝及孢子链形态；C：分生孢子侧面萌生次生分生孢子梗；D：分生孢子柱状短喙；E：PCA培养基上的菌落；F：PCA+滤纸上矮树状分生孢子短链；G：PCA培养基上分生孢子短链；H：PCA培养基上分生孢子

图5-6　中华猕猴桃褐斑病病原菌形态特征

在PDA培养基中，28℃培养5d后，3种真菌的菌落形态见图5-6，3种真菌菌落形态特征基本一致，在PDA培养基上培养的分生孢子梗和分生孢子形态大小与自然发病病斑上单孢分离得到的基本一致。在28℃、PDA培养基上培养2d后，3种真菌均长出白色菌落，随着培养时间的延长，菌落由白色变为灰色至橄榄色或青褐色，平均生长速率9.1mm/d，可检查到大量分生孢子的产生。基内菌丝和气生菌丝均发达，白色或淡榄绿色，后变为不同程度墨绿色（图5-6A）。病原菌的显微检查结果为：分生孢子梗暗色直立，长短不一，分枝或不分枝、暗榄褐色至绿褐色，大小为（30.15-65.8）×（4.0-5.4）μm，顶端常扩大而具有多个孢子痕。十几个分生孢子组成的孢子链。孢子呈榄褐色至深榄褐色，大小为（5-7.5）×（16.25-22.5）μm，形态多样有椭圆形、倒棍棒形、梨形，有纵横隔膜；短喙呈锥状或柱状，大小为（0-13.5）×（3.75-5.0）μm（图5-6C、D）根据这些特征，J1-J3各菌株的分生孢子大小、形状和颜色这些特征，参照《真菌鉴定手册》判定猕猴桃褐斑病的病原菌可鉴定为链格孢属。

链格孢属在PCA培养基上，28℃，培养5d后产孢良好（图5-6E），菌落呈灰褐色，生长迅速。在PCA+滤纸上，分生孢子呈现矮树状分生孢子短链，其孢子短喙可多次产

孢，形成合轴式延伸状（图 5-6B、F）。有较多支链，每个支链一般长 1-8 个孢子，孢子大小为（7.5-12.5）×（17.5-35.0）μm，呈倒棒状、阔倒棒状、倒梨形和狭倒棒状（图 5-6G、H）。部分分生孢子侧部和基部可萌发形成次生分生孢子梗而产孢。根据该菌在 PCA 培养基上的孢子链形状，依据《中国真菌志 - 链格孢属》确定这三株菌均为链格孢。

2. 致病性测定

基于各分离的菌株形态学和培养性状一致，均确定为侵染性病害的病原物。本研究选择 J3 菌株，以病原菌菌丝块刺伤接种和注射病原菌菌悬浮液的接种方式进行致病性测定。结果表明：25℃下，J3 菌株菌悬液接种猕猴桃健康果实后，贮放 48h 后，可观察到刺伤处有与发病猕猴桃类似的褐色病斑，病斑外围的黄色晕圈明显，果内孢子悬浮液注射接种和果面刺伤菌丝块接种均发病，与菌丝块刺伤接种相比，悬浮液注射接种的发病率更高，这可能与菌丝块在接种后易风干，与接种组织结合不紧密有关。果实果面刺伤处出现软腐状（图 5-7A，B）。贮放时间延长，软腐不断扩大，从接种的果实软腐病斑上刮取少量的组织再分离接种发病的病斑，同样获得与接种菌株一致的培养物，完成柯赫法则致病性检测。空白 PDA 和无菌水接种的果实（空白对照 CK），均没有出现任何症状（图 5-7C）。

刺伤接种病原菌菌悬液的叶片也在 3d~5d 中相继发病。但对不同叶龄叶片造成病斑伤害不同，在老叶中，病斑部位为黑色，病斑相对较小。在嫩叶及新叶中，病斑部位为褐色，病斑部位较大（图 5-7D，E）。从叶片病斑上刮取病斑组织将其接种到培养基中培养，同样获得与接种病原菌一致的榄绿色菌株，完成柯赫法则致病性检测。

A：孢子悬浮液注射接种，B：刺伤接种，C：空白对照，D、E：叶片接种

图 5-7　猕猴桃接种链格孢菌孢子悬浮液后的发病症状

第三节　猕猴桃褐斑病的防治方法

一、果园管理

改良土壤，提高有机质，加强夏季架面管理，保持果园通风透光；下雨天注意雨后排水，避免雨后高温造成果园内湿度过大；肥水管理要避免偏施氮肥，增施微生物菌肥和中

微量元素，提高树体抗性，做到预防为主。褐斑病发病严重的果园，秋季施肥要以生物有机肥，微生物菌肥，微量元素肥为主，化肥为付，在生长期叶面补充微量元素叶面肥，增加树体的抗病能力，减少病菌侵扰。

二、化学防治

发病初期喷施 80% 代森锰锌可湿性粉剂 1000 倍液 + 微量元素叶面肥，每隔 7~10 天喷施 1 次，连喷 2~3 次。发病重的果园要注意轮换用药治疗。常用的内吸性杀菌剂有 25% 嘧菌酯悬浮剂 2000 倍液、10% 苯醚甲环唑水分散颗粒剂 1500~2000 倍液、75% 百菌清可湿性粉剂 +50% 速克灵可湿性粉剂。

三、物理防治

在每年果子采摘以后及时补充有机质，有褐斑病的猕猴桃果园，每亩地施生物有机肥一吨，微量元素肥 20kg，微生物菌肥 40kg，改良土壤，降解土壤化学肥料残留，促使生根，减少病虫害发生，提倡果园生草，达到提质增效。

四、红阳猕猴桃苗褐斑病的防治实例

1. 发病特点

叶片发病时，叶面呈现暗褐色病斑，后期成为灰白色，病斑边际呈绿色。假如传染果面，则呈现淡褐色小点，终呈不规则褐斑，果皮干腐，果肉腐烂。

2. 发病规则

5~6 月份，病原菌由叶背面开端侵略。到 7~8 月份叶部表现显着，开端是小病斑，后逐渐扩展，叶片后期干燥，很多落叶。到 8 月下旬开端很多落果。

3. 防治办法

（1）花蕾期喷布 800 倍液的 40% 农抗 120，每 7~10 天喷 1 次，连喷 2 次。花后用 600 倍液，再连喷 2 次，不仅能够防病抗病，一起还可提高猕猴桃抗寒、抗旱和免疫能力。

（2）联系叶面喷肥，每次参加杀菌剂类农药，如菌毒清或代森锰锌。留意酸性农药不能和碱性农药混用。

（3）加强肥水管理

依照猕猴桃需肥规则，一年中施足基肥、催芽肥、促果肥和壮果肥。一起留意操控灌水，尤其水位高的地区要设排水沟及时排水；灌水不宜过多，多了土壤湿润易形成烂根，致使树体变弱，易感病。

第六章 猕猴桃炭疽病及综合防治技术

第一节 猕猴桃炭蛆病的症状

猕猴桃炭疽病易在高温、高湿多雨的夏季发生，主要危害成年树和幼树的叶片，最初在叶片上产生圆形或者不规则型褐色病斑，中央灰白色，边缘褐色，病健交界明显，病斑上散生很多小黑点，如图6-1所示。

图6-1 炭蛆病

一、病害症状

果实感病症状猕猴桃果实发病初期，绿色果面出现针头大小的淡褐色小斑点，圆形，边缘清晰。后病斑逐渐扩大，变为褐色或深褐色，表面略凹陷。由病部纵向剖开，病果的果肉变褐腐烂，有苦味（菌核病果肉无味），剖面呈圆锥状（或漏斗状），可烂至果心，与好果肉界限明显。当病斑直径达到1~2cm时，病斑中心开始出现稍隆起的小粒点（分生孢子盘），常呈同心轮纹状排列。粒点初为浅褐色，后变为黑色，并且很快突破表皮。如遇降雨或天气潮湿，则溢出粉红色黏液（分生孢子团）。病果上病斑数目不等，少则几个，多则几十个甚至上百个，但多数不扩展而成为小干斑，直径1~2 mm，稍凹陷，呈褐色或暗褐色；少数病斑扩大，有的可扩大到整个果面的 1/3-1/2，病斑可连接成片而导致全果腐烂。烂果失水后干缩成僵果，脱落或挂在树上。

1. 枝叶感病症状

叶片感病后，一般从叶缘开始出现症状，叶缘略向叶背卷缩，初呈水渍状，后变为褐色不规则形病斑，病健交界明显。后期病斑中间变为灰白色，边缘深褐色。有的病斑中间破裂成孔，受害叶片边缘卷曲，干燥时易破裂，病斑正面散生许多小黑点，黑点周边发黄，潮湿多雨时叶片腐烂、脱落。茎干受害后，开始形成淡褐色小点，病斑周围呈褐色，中间长有小黑点，后期扩大成椭圆形，如图 6-2 所示。

图 6-2　叶片受害症状

该病与猕猴桃菌核病的区别在于，前者的发病部位主要是猕猴桃叶片，叶片边缘先出现症状，并且向叶片背面翻卷，病叶上有许多小黑点。

2. 果实感病症状

猕猴桃果实发病初期，绿色果面出现针头大小的淡褐色小斑点，圆形，边缘清晰。后病斑逐渐扩大，变为褐色或深褐色，表面略凹陷。由病部纵向剖开，病果的果肉变褐腐烂，有苦味（菌核病果肉无味），剖面呈圆锥状（或漏斗状），可烂至果心，与好果肉界限明显。当病斑直径达到 1～2cm 时，病斑中心开始出现稍隆起的小粒点（分生孢子盘），常呈同心轮纹状排列。粒点初为浅褐色，后变为黑色，并且很快突破表皮。如遇降雨或天气潮湿，则溢出粉红色黏液（分生孢子团）。

病果上病斑数目不等，少则几个，多则几十个甚至上百个，但多数不扩展而成为小干斑，直径 1～2mm，稍凹陷，呈褐色或暗褐色；少数病斑扩大，有的可扩大到整个果面的1/3～1/2，病斑可连接成片而导致全果腐烂。烂果失水后干缩成僵果，脱落或挂在树上。

图6-3　炭蛆病果实

二、侵染特点

病原菌以菌丝体、分生孢子盘在树上的病果、僵果、果梗、病叶、枯枝、受病虫危害的破伤枝等处越冬，也能在苹果、李、梨、葡萄、枣、核桃、刺槐等寄主上越冬。次年春天越冬形成分生孢子，借风、雨、昆虫等传播，进行初侵染。叶片、果实发病后产生大量分生孢子进行再侵染，生长季不断出现的新病果可造成病菌反复侵染和病害不断蔓延。分生孢子落到叶片表面和果面上，萌发产生芽管、附着胞和侵入丝，经伤口、皮孔或直接穿过表皮侵入果实。炭疽病有明显的发病中心，即果园内有中心病株，树上有中心叶片和病果。果园内的中心病株先发病，发病重，并向周围蔓延；由中心叶片、病果向下呈伞状扩展，树冠内膛较外部病果多，中部较上部多，而且多发生在果实肩部。

图6-4　侵染

三、传播方式

1. 风媒传播

炭疽病的菌丝体或分生孢子，在适宜的高温高湿环境下萌发形成分生孢子，分生孢子依靠气流在田间传播。

2. 雨水传播

土壤中的炭疽病菌丝体萌发产生的分生孢子，可借雨水飞溅或随灌溉水在田间传播。降雨或浇水后，园中空气湿度较大，也为病原菌传播提供了良好的外部环境。

3. 虫媒传播

昆虫刺吸感病枝条、病果、病叶后，口器、足、翅膀等器官携带炭疽病菌分生孢子，传播给健康植株或组织。

4. 人为传播

夏剪、掐尖等农事活动，使植株间容易接触摩擦而造成伤口，增加了炭疽病菌入侵机会。鞋子、农具等消毒不彻底，也会带菌传病。

第二节　猕猴桃炭疽病的发病规律

（1）高温高湿多雨是炭疽病发生和流行的主要条件

炭疽病菌在 26 ℃条件下，5 小时即可完成侵染过程；在 30 ℃时病斑扩展最快，3～4天即可产生分生孢子；在 15～20 ℃时，病斑上产生分生孢子的时间延迟；在 10 ℃时，病斑停止扩展。

（2）炭疽病菌分生孢子的外围有水溶性胶质，干燥时黏集成团，需经雨水冲散才能传播。分生孢子萌发要求相对湿度要达到 95% 以上。

（3）土质黏重、地势低洼、排水不良、种植过密、树冠郁闭、通风不良的果园，以及树势弱的园，炭疽病发生均重。

（4）不同品种对炭疽病有不同的抗性

据田间调查，易感程度为华优＞金艳＞金阳＞西选 2 号＞金农＞泰上黄＞秦美＞哑特＞金桃＞云海一号，金桃和云海一号等品种很少感染炭疽病。

（5）在多年生老刺槐树周围 10 m 左右的猕猴桃树，炭疽病病果率为 60%～100%，树冠外围果实的发病率为 100%，单个病果上最少有 14 个病斑，最多达 64 个病斑。病菌主要在刺槐的种荚上存活（刺槐的种荚很少脱落，适宜病菌存活）。

第三节　猕猴桃炭疽病的防治方法

一、创造良好的生态环境

规范化、标准化建园，防止与炭疽病寄生植物群落混搭在一个生态系统内，从源头杜绝炭疽病菌的生存环境。

二、选择抗性较强的品种

建园时最好选择当地试验过、审定过的品种。据近年观察，陕西产区海沃德、徐香、金桃、云海一号、泰上黄、翠香等品种抗病性比较理想。

三、积极采用综合防治法

1. 加强栽培管理

合理密植，规范整枝修剪，及时中耕锄草，改善果园通风透光条件，降低果园湿度。

2. 合理施肥灌水

合理施用氮磷钾肥，增施有机肥，增强树势。合理灌溉，注意排水，避免雨季积水。

3. 实施科学防护

平原区猕猴桃园可选用白榆、水杉、枫杨、楸树、乔木桑、枸橘、白蜡条、紫穗槐、杞柳等，丘陵区猕猴桃园可选用麻栗、枫杨、榉树、马尾松、樟树、紫穗槐等作防护树种。新建园应远离刺槐林、核桃园，也不宜混栽其他的炭疽菌寄主植物。

4. 清除侵染来源

以中心病株为重点，冬季结合修剪清除僵果、病果和病果台，剪除干枯枝和病虫枝，集中深埋或烧毁。

5. 科学用药防治

（1）预防病害

7月初，果园初次出现炭疽病菌孢子3~5天内开始喷药，以后每10~15天喷1次，连喷3~5次，药剂可选30%苯醚甲环唑悬浮剂、波尔多液（1:0.5:200）、0.3波美度的石硫合剂加0.1%洗衣粉、50%甲基托布津可湿性粉剂800~1000倍液、65%代森锌可湿性粉剂500倍液等。注意交替用药，避免病菌产生抗药性。

（2）喷药保护

炭疽病的发生规律与果实轮纹病基本一致，且对两种病害有效的药剂种类也基本相同，故而可交替喷施波尔多液（1∶0.5∶200）、30%炭疽福美、64%杀毒矾、70%霉奇洁、80%普诺等药剂防治病害。

第七章　猕猴桃灰霉病及综合防治技术

第一节　猕猴桃灰霉病的症状

猕猴桃灰霉病主要发生在猕猴桃现蕾期、花期、幼果期和贮藏期。猕猴桃灰霉病已成为影响猕猴桃产业健康发展的主要病害之一。

一、灰霉病的危害

1. 对叶片的危害

图 7-1　灰霉病在叶片上表现症状

被侵染的叶片从叶边缘开始发病，病部可见大量灰白色菌丝凸起，密生灰色孢子。叶片感病后，病部逐渐扩大，严重时叶片脱落。

2.对花的危害

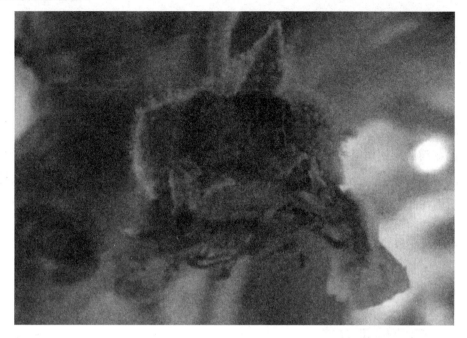

图7-2 灰霉病在花朵上的危害症状

病菌侵染花朵后，萼片、花瓣、花丝、柱头萎蔫，萼片上密生灰色菌丝。造成花朵坏死、脱落。

3.对幼果的危害

图7-3 脱落的花瓣附着在果实上造成灰霉病感染果实

发病初期，幼果茸毛变褐，果皮受侵染；发病中后期，果实局部腐烂，造成落果。

第二节　猕猴桃灰霉病的发病规律

病菌以菌核和分生孢子在果、叶、花等病残组织中越冬。在第 2 年初花至末花期，遇降雨或高湿条件，病菌侵染花器引起花腐，带菌的花瓣落在叶片上引起叶斑，残留在幼果梗的带菌花瓣从果梗伤口处侵入果肉，引起果实腐烂。病原菌的生长发育温度为 0~30℃，最适温度为 20℃左右。与果实软腐病相比，在 20℃以下的温度中，灰霉病源菌生长旺盛。因此灰霉病在低温时发生较多，病源菌在空气湿度大的条件下易形成孢子，随风雨传播。

一、病原的越冬

病菌主要在枯枝落叶、病残体上、土壤中越冬，病菌一般能存活 4~5 个月，越冬的病菌成为翌年的初侵染源。

二、病菌侵染方式

4 月初，猕猴桃花期，病原菌开始侵染叶片和花瓣，引起灰霉病的发生。谢花后，花瓣落在幼果上，侵染幼果，病菌从果梗伤口或皮孔侵入果肉。

三、传播途径

病菌主要靠气流、雨水或园地管理传播。

第三节　猕猴桃灰霉病的防治方法

一、农业防治

灰霉病是比较容易传播传染的疾病。所以在猕猴桃的叶子和树枝上面有疾病的要及时的清除，并且集中处理，还要进行焚烧或掩埋，可以有效的防治灰霉病的传播和蔓延。并且在这种疾病出现的时候还要喷洒药物进行治疗，尤其是喷洒药物，要连续喷洒，不要间断，这样就可以有效的防治灰霉病传播蔓延。尤其是灰霉病非常顽固，很难清除，在冬天的时候都能够存活，所以在种植猕猴桃的时候就要在土壤里增加一些清除杀菌的药物，可以参和生石灰进行消毒杀菌，这样可以让土壤比较干净，没有细菌，才可以减少疾病的滋生。

图 7-4

　　尤其是在给猕猴桃进行修枝剪叶的时候，一定要对叶子和茎杆上面剪除以后的伤口进行涂抹消毒的药物，否则这些细菌会在伤口处进行感染，这样也会滋生灰霉病。所以在修剪完枝叶之后再裂口的地方进行涂抹药物，防止细菌侵入，这样也可以有效的减轻灰霉病的滋生。尤其是要给猕猴桃进行施肥，要多一些微量元素的肥料，这样可以让猕猴桃能够有足够的营养来抵抗疾病。也可以减少疾病的滋生。

图 7-5

　　尤其是在多雨的季节，一定要给猕猴桃进行排涝，不要让雨水浸泡猕猴桃的根系和叶子，否则就会让猕猴桃滋生灰霉病，会让这些疾病蔓延传播，造成大面积的猕猴桃产量下降。影响收益。尤其是雨水是滋生和传播灰霉病。所以充足的光照和及时的通风，可以让雨水尽快的挥发，让土壤保持干净舒爽，这样就可以让猕猴桃能够旺盛的生长。

图 7-6

　　尤其是在种植的过程中，一定要给猕猴桃充足的光照，这样可以让猕猴桃吸收更多的营养，可以让叶子吸收叶绿素，这样会让叶子减少疾病的侵害。让猕猴桃生长的足够旺盛，就会减少疾病的滋生。还要在种植的时候给猕猴桃清除杂草，杂草清除可以减少疾病的感染，并且也可以给猕猴桃能够及时的通风，让猕猴桃旺盛的生长，也可以抵抗疾病的侵入。

图 7-7

　　在给猕猴桃浇水的时候，一定要及时的观察土壤是否需要水分的滋养，如果是比较干燥，就可以给猕猴桃浇水灌溉，让猕猴桃吸收水分的滋养，也可以减少疾病的侵入，如果是比较湿润就尽量减少浇水灌溉，这样会让猕猴桃发生涝灾，会滋生疾病。所以在种植的时候，尤其是浇水和施肥要按照科学的管理方法来操作，这样可以让猕猴桃生长的旺盛，减少疾病的危害。能够让猕猴桃有一个充足的光照和干净的环境没有细菌滋生的土壤，可以让生长的猕猴桃能够更加的旺盛。更加的高产。

猕猴桃生长离不开充足的光照和及时的通风，还要在土壤里增加营养的肥料和消毒的药物，这样就可以让猕猴桃减少疾病，并且增加产量增收。会让猕猴桃的质量提升。浇水和施肥可以给猕猴桃充足的营养，让猕猴桃有抵抗疾病的能力，减少疾病的滋生，

二、化学防治

1. 采前防治

花前开始喷杀菌剂，如50%速克灵可湿性粉剂500倍液，或乙烯菌核利可湿性粉剂500倍液，或50%扑海因可湿性粉剂1500倍液均加上靓果安300倍液＋大蒜油1000倍液＋沃丰素600倍液。每隔7天喷1次，连喷2~3次。夏剪后，喷保护性杀菌剂或生物制剂。

2. 采后防治

采前一周喷1次杀菌剂。采果时应避免和减少果实受伤，避免阴雨天和露水未干时采果。去除病果，防止二次侵染。入库后，适当延长预冷时间。努力降低果实湿度，再进行包装贮藏。

三、红心猕猴桃防治实例

红心猕猴桃是一种集食用与药用为一体的水果，具有丰富的营养价值，被誉为"水果之王""维C之冠"，在国际市场上享有很高声誉，是当前世界各国竞相发展的新兴果品之一。近年来，红河州红心猕猴桃栽培发展迅速，2016年培育砧木283万株，嫁接210万株，出圃优质种苗93万株，新植面积1353 hm²，累计巩固发展面积5006hm²，其中投产面积420 hm²，预计产量1100 t，产值2200万元。红河州内常见种植品种有红阳、黄金果等，主要种植在海拔800～1800 m区域，空气相对湿度较大，土壤微酸、疏松透气，排水良好的区域。目前，红心猕猴桃已成为适生区农民增收的支柱产业，但不少果农缺乏红心猕猴桃的病虫害知识和科学的防控技术，导致猕猴桃果园病虫害日趋严重，严重影响了猕猴桃产业的健康发展。文章对猕猴桃不同时期病虫害的种类、症状、防治措施进行介绍，并针对常见病虫害提出综合防治技术。

1. 猕猴桃不同生育期病虫害发生种类及防治措施

（1）休眠期（12月至次年2月）

休眠期主要以防治溃疡病、叶斑病、介壳虫、苹小卷叶蛾、蜡象等病虫害为主。休眠期病虫害的具体防治措施：剪除病残死枯蔓，清理果园，集中烧毁或深埋沤肥；老园刮治腐烂病斑，用腐必清50倍液涂抹病疤；增施有机肥，树干和大枝用石灰水涂白后，绑草

秸护理根茎部。通过以上措施可达到减少害虫虫口基数，清除病源的效果。

（2）萌芽前后期（2月）

萌芽前后期主要以防治溃疡病、叶斑病、灰霉病、炭疽病等病害为主。萌芽前后病虫害的具体防治措施：萌芽前全园彻底喷施3～5波美度的石硫合剂1次，病虫害严重时隔7～10 d再喷1次，所有枝蔓均喷施彻底，不留漏隙，包括周边杂草；萌芽后全园喷0.3～0.5波美度石硫合剂1次。通过以上措施可达到减少害虫虫口基数，减少病源的效果。

（3）花期前后（3－4月）

花期前后主要以防治叶斑病、灰霉病、花腐病、褐腐病、炭疽病、溃疡病、果实熟腐病、叶蝉、天牛、金龟子等病虫害为主。花期前后病虫害的具体防治措施：开花前喷施0.3～0.5波美度石硫合剂1次；枝杈处挖天牛幼虫，喷苏云金杆菌或白僵菌粉或BT乳剂600倍液，安装黑光灯或频振式杀虫灯诱杀害虫成虫；谢花后用甲基硫菌灵、50%多菌灵可湿粉剂800～1000倍液、75%百菌清1000倍液或退菌特500倍液喷施1～2次。

（4）果实膨大期（4－6月）

果实膨大期主要以防治灰霉病、菌核病、褐腐病（果实熟腐病）、黑斑病、吸果夜蛾、金龟子、叶甲、苹小卷叶蛾、蝽象、蜡蝉、叶螨等病虫害为主。果实膨大期病虫害的具体防治措施：可用甲基硫菌灵、异菌脲、疫霉威、50%多菌灵可湿粉剂500～800倍液、75%百菌清1000倍液或退菌特、高效氯氟氰菊酯、25%噻嗪酮乳液1000～1500倍液喷施1～2次（宜选用与上一生育期不同的药剂）；同时诱杀和人工捕捉金龟子。

（5）新梢旺长期（7月）

新梢旺长期主要以防治叶斑病、炭疽病、苹小卷叶蛾、金龟子、叶螨等病虫害为主。针新梢旺长期病虫害的具体防治措施：可用20%氰戊菊酯3000倍液、10%吡虫啉4000倍液喷施1～2次，用甲基硫菌灵、咪鲜胺或多菌灵喷雾1次，防治虫害和真菌病害。

（6）采果前20 d（7月上旬至9月上旬）

采果前20 d主要以防治灰霉病、菌核病、花腐病、褐腐病（果实熟腐病）、炭疽病、黑斑病、斜纹夜蛾、叶蝉等病虫害为主。采果前20 d病虫害的具体防治措施：可用多菌灵或甲基硫菌灵喷雾1次，防治果实贮藏期真菌病害。

2. 常见病虫害综合防治技术

（1）溃疡病

发生危害：溃疡病是一种毁灭性细菌性病害，发病以春秋两季为主，春季为烈，低温高湿对其发病有利。远距离通过苗木、接穗传播，近距离通过风、雨、叶蝉、枝剪传播，2月下旬开始发病，从芽眼、伤口等裂缝口流出菌脓，撕开表皮，呈橘红色，菌脓1周后渐变成铁锈红色，病部用手挤压发软，撕开表皮，颜色发褐，春季4月份有枯死现象。红阳品种发病最重，目前红河州尚未发现该病害。

防治方法：防治上坚持预防为主、综合防治的原则，预防重于治疗，严格控制病菌传播、加强管理增强树势是关键。

具体防治措施把握以下几点：加强栽培管理，冬季及时做好

清园工作，严禁栽植带菌苗木和病园采集接穗。药剂预防和治疗主要采用石硫合剂、枯草芽孢杆菌、络氨铜等药剂。同时定期检查，做好刮治病斑工作，病斑刮除后及时涂抹石硫合剂原液等药剂。

（2）褐斑病

发生危害：主要危害叶片，可造成猕猴桃落叶落果。叶片抽梢现蕾期开始发病，初为褐色小斑点，后扩大为圆形或近圆形、黄褐色的大斑，潮湿条件下病部产生黑色稀疏霉层，病叶枯萎脱落。该病于2016年在红河州发现，危害严重。

防治方法：结合冬剪清除园内病叶，早春萌芽前喷施石硫合剂1次，发病初期喷施甲基硫菌灵、70%代森锰锌、75%百菌清等进行防治，连喷2～3次，喷药时间开花前后1次，7～8月连喷2次即可。

3. 果实熟腐病

发生危害：果实熟腐病为真菌性病害，主要危害果实。猕猴桃接近成熟时，在果实上出现压痕斑，微微凹陷，褐色。剥开皮层果肉呈微淡黄色，病斑边缘呈暗绿色或水浸状，中间常有乳白色的锥形腐烂。一般在高温多雨季节侵入果实，到采收以后才表现症状，数天内可扩至果肉中间乃至整个果实，使果实腐烂，是贮藏期危害最严重的病害。

防治方法：冬季清理果园，结合修剪清除枯枝落叶，并集中烧毁，减少病菌寄生场所。谢花后7d开始幼果套袋，避免幼果被侵染。从谢花后14d至果实膨大期，在树冠喷施50%多菌灵800倍液、1∶0.5∶200波尔多液或80%甲基硫菌灵可湿性粉剂1000倍液2～3次，喷药间隔20d。后熟期贮藏的环境温度控制在15℃以下。

4. 叶蝉

发生危害：主要危害叶片，被害叶面初期出现黄白色斑点，渐扩展成片，严重时全叶苍白早落，树体衰弱，产量锐减。防治方法：选择抗虫品种，加强通风透光，清除果园内及果园四周的杂草，冬季绿肥及时翻耕回田。叶蝉常在杂草和枯叶中产卵越冬或以成虫越冬，用70%吡虫啉5000倍液或2.5%高效氯氟氰菊酯800倍液防治，也可用2.5%敌杀死1500倍液或50%抗蚜威可湿性粉剂1500倍液喷施，均有较好的防治效果。

5. 吸果夜蛾

发生危害：主要危害果实，夜间出没危害。在果实糖分开始增加的9月成虫用口器刺破猕猴桃果皮吮吸果汁，7d后刺孔处果皮变黄凹陷并流出胶液，其后伤口附近软腐，并逐渐扩大为椭圆形水浸状斑块，最后整个果实腐烂。

防治方法：做好清园和果实套袋，8月下旬开始用黑光灯或糖醋液诱杀成虫，或采用20%甲氰菊酯乳油3000倍液喷施，喷药间隔10～15d，从8月下旬开始，直至采收结束。

第八章　猕猴桃疫霉病及综合防治技术

第一节　猕猴桃疫霉病的症状

最初会从树体根系开始侵害，慢慢的往树体上部浸染，直至感染到树体嫁接口的根茎部位置，而且感染之后的部位会呈现褐色的近圆形水渍病斑，且会导致树体皮层坏死，严重还会出现死树的现象，危害程度较为严重，所以种植猕猴桃的果农朋友应当对此病害引起重视，如图8-1所示。

图 8-1　猕猴桃疫霉病果实

猕猴桃苗木、幼树和成年树均可受疫霉病侵害。发病部位多从根尖开始，随着小根腐烂，然后向上发展，直达根颈部。皮层水渍状，褐色腐烂，有酒糟味；地上部衰弱叶小，成半蔫半活状态；也有始发于根颈和主根的，最初在主根或根颈部发病，然后伸向树干基部，如图8-2所示。

图 8-2 猕猴桃根系感染疫霉病

发病部位有圆形或近圆形水渍状斑，不久呈暗褐色不规则形病斑，皮层坏死腐烂，病处长出白色絮状霉，皮层内部也呈暗褐色，有的也可危害到木质部。危害严重的病株坏死病斑环绕茎干一圈，皮层被环割，致使全株叶片萎蔫，整株死亡。

该病主要出现在旺长期挂果季节，如遇时雨时晴或雨后连日高温，猕猴桃会突然萎蔫枯死。主干局部被侵染发病的，地上部分生长衰弱，叶小，果实小，早落叶，春季发芽时，枝条发芽迟缓，枝蔓顶端枯。对于把握不准确的果农朋友，可以根据这些树体表现特征进行辨别，也是相当不错的方法。

图 8-3 猕猴桃疫霉病引起根腐病（一）

图 8-4　猕猴桃疫霉病引起根腐病（二）

第二节　猕猴桃疫霉病的发病规律

疫霉病属于真菌性病害，病原菌为藻菌亚门霜霉目疫霉属的疫霉菌，系由柑橘褐腐疫霉、柑橘生疫霉、侧性疫霉、棕榈疫霉、苹果疫霉等多种。

病苗以卵孢子、厚壁孢子和菌丝体随病残组织在土壤中越冬，春末初夏有降雨和灌溉水时，土壤中的卵孢子、厚壁孢子萌发产生孢子囊释放游动孢子，随雨水和灌溉进行传播，从伤口侵入。因此，与土壤接触的根颈部和主干茎基部最容易受侵染。嫁接口部位比较低或嫁接口处皮层膨肿在有水淹条件易遭侵染。冻伤、虫伤及机械损伤口均利于病害发生。

图 8-5　嫁接口位置要露出地面

地势低洼造成长期积水的果园发病重，采用大水漫灌和串树盘灌，使病情进一步扩展。如果采用喷灌和滴灌，发病会稍轻些。此外，7~8月持续高温干旱，然后采用多次大水漫灌和串灌，则发病快且发病重。连续降雨，雨量又大，接着转晴天，气温高，则高湿高温发病亦重。土壤黏性重的果园，也容易发病。

猕猴桃疫霉病从春末夏初开始发病，7~9月为病害发生严重期。

图8-6　受害树体叶片萎焉

第三节　猕猴桃疫霉病的防治方法

灰霉病在猕猴桃上具有侵染期长、感染率高、感病点多等突出特点，生产上要引起高度重视，采用有效措施防控。

一、农业措施

选用高位嫁接苗或嫁接口高出地面的苗。嫁接口部位低的苗，采用浅栽，防止灌溉时病菌从接口侵入。已经深栽的应扒土，暴晒接口，创造不利病菌侵入的条件。

采用合理的灌溉方式，切忌大水漫灌或串树盘浇。应选用喷灌、滴灌或从水渠分别引入的灌溉方法。灌水要均匀，防止积水时间过长，并做到雨前不浇水。地下水位高、地势低洼、排水不良的果园，在长时间降雨或大雨、暴雨，随即开沟排水，降低田间湿度。

图 8-7 园区应采用滴灌形式保存园区通风干燥

二、化学措施

因病害多在根颈部和主干茎基部发生，在发病初期，扒开土晾晒并刮除病斑组织，然后采用 50 倍福美砷；80% 乙膦铝 30～50 倍液；或 843 康复剂原液，涂抹消毒。两周后再用无病土填平，使覆土略高于地面，以利于灌水和排水。

另外，于 5 月中下旬在降雨或灌水前用 80% 乙膦铝 400 倍液；或 70% 代森锰锌 400～500 倍液浇灌根部。在疫霉病多发区，在定植幼苗时用 50% 敌克松粉剂，按每株 15g 对水 1kg 作定根水。盛果期发病，按每株 50～100g 兑水 10kg 泼浇，若加入适量九二〇等植株生长调节剂，则效果更好。

图 8-8 施肥增强树势抵抗能力

三、红心猕猴桃"疫霉病虫害"防治实例

红心猕猴桃疫霉病是由苹果疫霉、樟疫霉、侧生疫霉和大子疫霉等病菌引起的病害。

疫霉病最主要的症状：首先为害红心猕猴桃苗根的外部，扩大到根尖，也常从根颈处侵入，蔓延到茎干、藤蔓。病斑水渍状，褐色，腐烂后有酒糟味。发病后使萌芽期延迟，叶片衰弱、枯萎，叶面积减小，为害严重时因影响水分和营养的运输而使植株死亡。

疫霉病的发病规律：春天或初夏，根部在土壤中被侵染，10天左右菌丝体大量发生，然后形成黄褐色菌核，7~9月严重发生，10月以后停止蔓延。黏重土壤、排水不良的果园以及多雨季节容易发生，被伤害的根、茎也容易被感染。

疫霉病的防治方法：选择排水良好的土壤建园，防止植株造成伤口。在3月或5月中下旬用代森锌0.5kg加水200L稀释后浇灌根部。刮除病部腐烂组织，并用0.1%L汞溶液消毒后涂上波尔多液或石硫合剂原液，2个星期后再更换新土覆盖。

第九章　猕猴桃黑斑病综合防治技术

第一节　猕猴桃黑斑病的症状

猕猴桃黑斑病又称黑疤病，主要为害果实，也可以危害叶片6月上旬开始出现症状，初期果面出现褐色小点，随果实生长发育，病斑逐渐扩展，颜色转为黑色或黑褐色，受害处组织变硬，下陷，失水形成圆锥状硬块。随果实膨大，病果逐渐变软脱落，病斑周围开始腐烂，但下陷部始终为一硬疤。病果入冷冻库后会继续发病，一般10～20天内变软，甚至腐烂。当果面有多个病斑时，果实完全丧失商品价值，如图9-1所示。

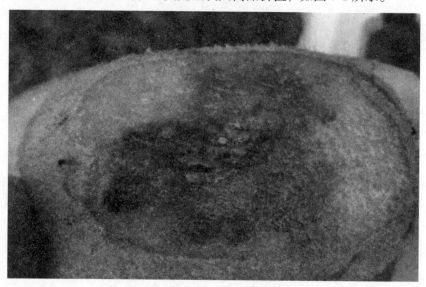

图9-1　黑斑病猕猴桃果实截面

一、叶片

在发病的早期阶段，病叶背面形成灰白色蓬松的霉斑，病变逐渐扩大，呈灰色，深灰色或黑色的霉层，小病斑逐渐合并为大病灶，整片发生枯萎，脱落。黄色褪绿斑出现在对应于病变的叶表面上，并逐渐变成黄棕色或棕色坏死斑。病斑多为圆形或不规则，病变部位和健康部位无明显分界，病叶容易脱落。

图 9-2　猕猴桃黑斑病叶片症状（一）

图 9-3　猕猴桃黑斑病叶片症状（二）

二、枝蔓

受影响部位的形成纺锤形或椭圆形病斑，特征为棕褐色或红褐色水渍。随着病情恶化，病斑凹陷，然后扩张，并在纵向形成裂缝，愈伤组织肿胀形成典型的溃疡样病变。病变部位表皮或坏死组织产生黑色小颗粒或灰色天鹅绒霉层。

图 9-4　枝蔓

三、果实

病变最初是灰粉状霉斑，逐渐扩大，绒霉病层脱落，形成直径为 0.2~1cm 的近圆形凹陷病斑。刮掉表皮后，果肉呈褐色至紫褐色坏死，形成锥形硬块。在幼果期发生该病，很容易导致果实脱落。在果实成熟期间，果肉变软变酸，很难食用。

图 9-5 黑斑病果实

图 9-6 黑斑病枝干

第二节 猕猴桃黑斑病的发病规律

一、病原

猕猴桃黑斑病的病原为猕猴桃假尾孢，属半知菌亚门。子座生在叶面，近球形，浅褐色，直径 $20 \sim 60 \mu m$。分生孢子梗紧密簇生在子座上，多分枝。分生孢子圆柱形，浅青黄色，直或弯，具 3~9 个隔膜。

二、发生原因

1. 灌水与发病关系

猕猴桃喜水又怕水，长时间水淹影响土壤透气性，容易引起根腐，影响根系发育和对养分的吸收。灌水过多、过勤易造成根系缺氧，且加重土壤盐碱化，造成猕猴桃难以吸收营养物质。

2. 品种与发病关系

猕猴桃黑斑病发生流行，与品种抗病性有关。不同品种的抗病性有所差异。叶片以D-25、78-1 品种最感病，D-13 和 79-3 次之，外来品种布鲁诺和海沃德较抗病。果实以D-25 和 79-3 最感病，78-1 和 D-13 次之。布鲁诺和海沃德在成熟前抗扩展，但不抗侵入，因此后期发病亦较严重。

3. 种植地势与发病关系

一般山地果园，以山麓、山坳底部发病严重，半山腰和山坳中部较轻，山顶发病最轻。平地和缓坡地果园，常采用大棚架栽培，较荫蔽潮湿，透光性差，发病较重；而坡度较大的果园，采用等高平台、或"T"形小棚架栽培，通风透光良好，则发病轻。一般老果园发病较重，新果园发病较轻。

4. 气候与发病关系

本病发生与气温关系成正相关。气温达 $23 \sim 28℃$，有利于病害发生流行。相对湿度和降雨对本病影响不大。总之，高温多雨，有利于病害发生流行。

5. 挂果量与发病关系

大量施用氮肥和猕猴桃膨大剂，一味追求高产，果园挂果量年年超载，加重了树体负担，影响了吸收根的形成。

三、猕猴桃黑斑病的发生时间

病菌以菌丝体和分生孢子器在病枝、落叶和土壤中越冬，翌年在猕猴桃花期前后产生孢子囊，释放出分生孢子，随风雨传播。5~7月首先为害枝叶，8月上旬至10月为害果实，9月达到发病高峰。通常植株近地面的叶片首先发病，继而向上蔓延。植株栽植过密，支架低矮，枝叶稠密或疯长而通风透光不良的果园，极有利于病害的发生与流行。5~7月连续阴雨天多的年份往往发病重，发病早。

第三节　猕猴桃黑斑病的防治方法

一、恶化病菌生存环境

通过冬季重剪或间伐、夏季修剪和收获后修剪，改善果园的通风和光照条件，降低果园的湿度，同时恶化细菌的生存环境。

二、搞好果园卫生

在发病的早期阶段，从5月到6月，及时切断病株的枝叶，移出果园后暴晒。在冬季，移除病株和落叶并集中并在园外燃烧。在春天萌芽之前，可以对全树喷洒一次波美3-5℃石硫合剂。

三、提高植株抗病能力

改进栽培管理技术，加强肥水管理，促进树体生长健壮。多喷施含钙量高的叶面肥，也可在开花前后全园撒适量生石灰粉（50kg/667m²），以提高树体的含钙量，增加叶片和果皮厚度，从而增强抗病能力。

四、喷药防控

萌芽期、花前：各喷1次1：2：200波尔多液，或喷1次可杀得3000。

落花期：及时对果面及叶面喷布勃生水溶肥300倍液、75%百菌清可湿性粉剂750倍液、56%嘧菌酯·百菌清800倍液、65%代森锌可湿性粉剂600倍液。为增加药液的粘着性，减少雨水冲刷，可加相当于药液量1/3000~1/4000的渗透剂或0.1%～0.2%的"6501"展着剂。

喷药应均匀，使果面和叶片正反面都能着药。修剪后及时喷500~600倍液施纳宁清园。套袋前对果面喷布勃生水溶肥300倍液，套开口袋，或选择性套袋（套易受日灼的果实），或不套袋。

在此特别要提醒种植户注意的是，丙环唑、咪鲜胺乳油、氯溴异氰尿酸粉剂等农药对猕猴桃有害；吡唑醚菌酯乳油在猕猴桃嫩梢期、幼果期使用会出现轻微药害，要注意分清，并慎用。

猕猴桃是不必喷太多农药的，但现在不少种植户管理猕猴桃像管理葡萄、柑橘一样，三天两头喷药，有时用药不当就会造成药害，影响树体生长，特别是在山区的果园，因虫害相对较多，滥用杀虫药导致发生药害的情况时有发生。因此提醒广大种植户，一定要慎重用药。如需用药，尽量避开高温烈日天气，且少用乳油药剂。

五、防治实例

1. 翠香猕猴桃黑斑病的发生与防治实例

翠香是近年发展较快的猕猴桃品种之一，深受消费者欢迎。随着该品种栽培面积的不断扩大，逐渐暴露出一些问题，比如溃疡病比较严重、树势弱、易发生日灼等，尤其近两年果实易感黑斑病成为非常突出的生产问题。黑斑病导致果实商品性差，不耐贮，收购商拒收，果农损失不小，成为影响翠香发展的技术瓶颈。针对此病，我们进行了病原检测、防治方案试验等工作，取得了一些效果。

（1）致病病原

从病果中分离的病原，经测序对比发现，其与枝孢霉属的一种病菌同源率达到99%。枝孢菌是一种能够产生分生孢子的霉菌，包括室内和室外都常见的霉菌。为腐生真菌，广泛存在于自然界的土壤、某些动物的粪便、蔬菜、腐木、鸟巢、腐烂水果中。孢子通过风力传播。

（2）病害症状

叶片感染多从较低的位置开始，逐渐上行，底层叶面受害严重。在靠上位置的叶面，灰绿色斑点会逐渐变成黄色；低处的叶面上，由大量孢子集聚而显现青绿色斑纹。潮湿时病斑上会长出紫灰色密实的霉层。病菌不仅能够侵染叶片导致叶斑，从而影响叶片光合作用，而且还会侵染茎干和果实。果实发病后，果面色泽暗淡，最后如皮革般坚韧。翠香感病的典型病状为喙尖出现大小不同的黑斑，最后黑斑在喙尖连为一体，成一革质化大黑斑。

（3）发生规律

枝孢霉属真菌是一类分布广泛的真菌，其危害程度与环境条件有较大关系。2014年翠香猕猴桃果实黑斑病十分严重，与秋季长期连阴雨不无关系。同时，套封闭袋的果实发病尤重，这与套袋前防病未跟上、套袋后袋内湿度过大有关。

（4）侵染循环

引起黑斑病的枝孢菌生长适温为9～34℃，相对湿度80%以下时不利于其生长。主要以菌丝体或菌丝块在被感染的植物体内过冬。通过孢子在适宜环境下借助气流四散，散落在田间植物上后，侵入叶片气孔繁殖。只要环境适宜，可以在一个生长季节中多次侵染，且不同品种间具有较明显的抗性差异。多发于番茄园，在甜椒、辣椒上也有发现，甜椒上尤多。

（5）防治措施

黑斑病与叶斑病、黑星病等相近，有较深层感染的特征。此病防治应本着"预防为主，防重于治"的原则，着眼于控制树体生长环境，提高树体抗病性，关键时期喷布药剂。

1）控制果园小气候，创造不利于发病的条件。注意架面通风透光，降低田间湿度。采用开口袋套袋。坐果期控水，防止出现高湿状态。

2）平衡施肥，防止偏施氮肥。施足有机肥，增施磷钾肥，提高植株抗病能力。

3）喷药防控。

萌芽期、花前各喷1次1：2：200波尔多液，或喷1次可杀得三千；落花期及时对果面及叶面喷布勃生水溶肥300倍液、75%百菌清可湿性粉剂750倍液、56%嘧菌酯·百菌清800倍液、65%代森锌可湿性粉剂600倍液。为增加药液的粘着性，减少雨水冲刷，可加相当于药液量1/3000~1/4000的渗透剂或0.1%~0.2%的"6501"展着剂。喷药应均匀，使果面和叶片正反面都能着药。修剪后及时喷500~600倍液施纳宁清园。套袋前对果面喷布勃生水溶肥300倍液，套开口袋，或选择性套袋（套易受日灼的果实），或不套袋。

2. 眉县猕猴桃黑斑病的防治实例

2013年5月，陕西眉县槐芽镇猕猴桃园发现该病。为了帮助果农准确辨识病害，有效实施防治，笔者从症状识别、传播途径、发病条件、综合防治等方面介绍一下猕猴桃黑斑病。

（1）症状识别

猕猴桃黑斑病主要危害叶片、枝蔓，也可危害果实。猕猴桃嫩叶和老叶易感病，初期病叶正面出现褐色小圆点，直径约1mm，四周有绿色晕圈，后扩展至5~9mm，轮纹不明显，最终小病斑连在一起形成枯焦状的大病斑，病斑上有黑色小霉点（病原菌的子座）。严重时叶片变黄早落，影响产量。枝蔓感病后，初在表皮出现黄褐色或红褐色水渍状、纺锤形或椭圆形病斑，后扩大并纵向开裂、肿大，形成愈伤组织，病部表皮或坏死组织上产生黑色小粒点（病原菌有性阶段的子实体）或灰色霉层。果实感病初期，表面出现灰色茸毛状霉斑，后逐渐扩大，霉层大多脱落，形成直径0.2~1cm的近圆形凹陷斑，刮去病斑表皮可见果肉呈褐色至紫褐色坏死，形成锥状硬块，之后果实易腐烂，病果脱落。

（2）病原特征

猕猴桃黑斑病的病原为猕猴桃假尾孢，属半知菌亚门。子座生在叶面，近球形，浅褐色，直径20~60mm。分生孢子梗紧密簇生在子座上，多分枝，长700mm、宽4~6.

5mm。分生孢子圆柱形，浅青黄色，直或弯，具 3~9 个隔膜，大小 20～102m×5～8。3 发病规律病菌以菌丝体和分生孢子器在有病残体的土壤中越冬，翌年猕猴桃花期前后产生孢子囊，释放分生孢子，随风雨传播。4 月下旬到 5 月下旬为叶片发病初期，5 月下旬至 6 月上旬为果实发病初期。通常植株近地面处的叶片首先发病，继而向上蔓延。栽植过密、支架低矮、枝叶稠密或疯长（通风透光不良）的园，极有利于病害发生和流行。5~8 月连阴雨天多的年份往往发病重，发病早。

（3）防治方法

1）农业防治

改善果园通风透光条件，降低园内湿度。发病初期及时剪除发病枝叶，冬季清除病枝和落叶，集中到园外烧毁。清园结束后，用 5~6 波美度石硫合剂喷植株，杀灭枝蔓上的病菌及螨类等害虫。加强肥水管理，促进树体生长健壮。多喷含钙量高的叶面肥，以提高树体含钙量，增加叶片和果皮厚度，增强抗病能力。

2）药剂防治

从 5 月上旬开始第 1 次喷药，药剂可选丙环唑或苯醚甲环唑，以后每隔 10 天喷 1 次，连喷 3~4 次，可有效控制病害。注意，上述药剂不能与其他碱性药剂混用。

第十章　猕猴桃根腐病综合防治技术

第一节　猕猴桃根腐病的症状

猕猴桃根腐病一般是 4~5 月开始发病，7~9 月是严重发生期。但真的有果园已经开始发病了，大家还是要留意。根腐病绝大部分病株是由于施肥与灌水管理不当，造成根系活力下降，从而受到病菌侵染导致发病。根腐病发病初期根系皮层腐烂，后期危害木质部，多种病原可导致根腐，不同的病原引起的根腐症状有差异。

图 10-1　根腐病示意图

一、致病菌

猕猴桃根腐病的致病菌目前报道有两种，一是密环菌和假密环菌；另一个是疫霉菌，它有几个变种，还可引起疫霉病（根腐病）。

图 10-2

二、密环菌和假密环菌引起的症状

　　多从根颈部首先发病，侵入根颈部的病菌主要沿主根和主干蔓延，初期根颈部皮层出现黄褐色块状斑块，皮层软腐变黑，韧皮部易脱落，内部组织变褐腐烂。当土壤湿度大时，病斑迅速扩大并向下蔓延导致整个根系腐烂，病部流出许多褐色汁液，有酒糟味。木质部变为淡黄色。地上部表现植株生长不良，叶片迅速变黄脱落。树体萎蔫死亡。后期病组织内充满白色绢丝状菌丝，腐烂根部产生黑色根状菌索。危害相邻植株根系。感病的病株，表现树势衰弱，产量降低，品质变差，严重时还会造成整株萎蔫死亡，对生产影响极大。

图 10-3　树势衰弱

三、疫霉菌引起病害的症状

多从小根或根尖发病，病斑为褐色，水渍状，病部有白色霉状物，也有酒糟味，病斑随病情扩展，向根颈部蔓延。地上部表现萌芽晚，叶片小，枝蔓顶端的生长点或嫩梢生长缓慢，容易枯死；严重者芽体难以萌发，或者萌芽不绽叶，最终导致树体死亡，如图10-4所示。

图10-4

第二节　猕猴桃根腐病的发病规律

病菌以菌丝或菌索在土壤病残体中越冬，翌年春季随耕作或地下害虫传播。主要发生在高温高湿季节，一般在4月前后开始侵染，5~8月进入发病高峰，发病期间病菌可多次重复侵染。果园地势低，排水不良，地下害虫猖獗，发病较重。

一、病菌主要以菌丝在根部被害组织皮层或随病残组织在土壤中越冬，翌年春季树体萌动后，病菌随耕作或地下害虫活动传播，从根部伤口或根尖侵入，使根部皮层组织腐烂死亡，还可进入木质部。病组织在土壤中可存活 1 年以上，病根和土壤中的病菌是来年的主要侵染源，因此猕猴桃根腐病的复发率相对较高。

二、根腐病一般 4 月份即开始发病，7－9 月是严重发生期，夏季如遇久雨突晴，或连日高温，有的病株会突然出现萎蔫死亡。发病期间，病菌可多次侵染。10 月以后停止发展，病株一般 1~2 年后死亡。

三、调查发现，一般土壤有机质含量不足，施肥过少，挂果量偏犬，管理粗放的果园容易发病。另外。土壤黏重，地下水位高，排水不良，湿度过大的果园也时有发生。

四、根腐病不但可以通过劳动工具、雨水传播。还可通过地下害虫如蛴螬、蝼蛄、地老虎、根结线虫等危害后造成的伤口传播侵染。

第三节　猕猴桃根腐病的防治方法

一、猕猴桃根腐病的防治措施

1.建园时要园地制宜

（1）因猕猴桃不扰盐碱，土壤 pH 值较大时往往生长不良，容易诱发根腐病的发生，因此不要在土壤 pH 值大于 8 的地区建园。

（2）建园时要选用无病苗木，不用重茬苗圃繁育的苗木，注意苗木的消毒处理。定植不要过深。

（3）必要时实行高垄栽培。避免树盘积水，诱发根腐病。

（4）栽植时避免化肥与根系的接触。不施用未腐熟的有机肥，防止肥害伤根，杜绝病害的发生。

2.加强果园管理，增强树势，提高树体抗性

（1）生产中重施有机肥，改良土壤，培肥地力，改善土壤团粒结构：配合氮磷钾肥，增强树体抗逆性；增施生物菌肥，促进养分的转化与吸收：加施微量元素。预防生理病害。

（2）猕猴桃喜潮湿，怕干旱，不耐涝。因此在果园水分管理上，要采用合理的排灌方式，切忌大水漫灌，有条件地方可实行喷灌或滴灌，雨季及时中耕或排水。避免树盘积水。

（3）应用土壤调理剂免深耕，可降低土壤容重，增加土壤空隙度。改善土壤团粒结构，从而疏松土壤，破除板结，增加土壤的通透性，协调水、肥、气、热四者的关系，显

著促进根系的生长，抑制病害的发生。

（4）猕猴桃为多年生落叶藤本果树，长势强。如任其自然生长，其枝蔓纵横交错，相互缠绕，外围枝叶茂盛，内膛通风透光不良，贪青徒长。修剪上应注意夏剪，通过疏枝、绑蔓、摘心等方法，打开行间，使其通风透光，提高光合效能。健壮树势。

（5）生产中要注意依树势合理负载，适量留果，避免出现大小年结果现象，维持健壮的树势，保证稳产高产。增强树体的抗逆能力，减轻病害的发生。

3. 防止伤根

猕猴桃的根为肉质根，虽然再生能力强，但因其导管发达，根压大，伤流重，因此应避免在伤流期因田间作业伤根，诱发根腐病。

4. 消灭地下害虫

地下害虫发生严重的果园，结合秋季施肥进行土壤药剂处理，消灭地下害虫，可有效控制根腐病的扩展和蔓延。防治上可选用40%安民乐乳油400~500倍液，或40%好劳力乳油400~500倍液，或每667m²用辛硫磷颗粒剂3~5kg进行土壤处理，既可消灭根结线虫，又可消灭地下害虫，降低害虫越冬基数，大大减轻来年危害。

5. 发现病株时

首先应适量疏果。减轻树体负担，增强树体抗性：其次要加强根外追肥，每次配药时注意加喷优质叶面肥，特别要注意磷钾肥（如磷酸二氢钾）和微量元素肥（如防治黄化病的螯合铁肥—顶绿。富含锌、铁、硼、铜、锰、钼的微肥–斯德考普，黄腐酸钾肥–钾天下，氨基酸钙肥–盖利施，黄腐酸钙肥—巨金钙等）的补充；防治上可将根颈部土壤挖开，仔细刮除病部并用0.1% L汞或生石灰消毒处理，然后在根部追施腐熟农家肥，配合适量生根剂，以恢复树势。也可以选用25%金力士乳油3000~4000倍，或70%纳米欣可湿性粉剂400~500倍，或80%金纳海水分散粒剂400倍加生根剂混合液灌根处理，效果不错。2006年3月，四川太平山红阳猕猴桃基地大面积发病，树势普遍较弱。有的甚至停止生长，无新梢抽出，开始落叶，病情十分严重。应用金纳海防治根腐病，每株2g金纳海配1kg砂土拌成毒土，撒施在猕猴桃树根部周围。1周后，树势好转，发出许多新根，抽梢良好。金纳海特有的水分散粒剂剂型，让药效能够充分发挥，利用毒土法既不增加土壤湿度，又能够让根部充分吸收，防治猕猴桃根腐病效果显著。

6. 发病严重的果园

要及时清除田间病株，土壤中残留的树桩和发病的根系应随时集中销毁，防止病菌的再次传播和蔓延。

二、土壤处理防治猕猴桃根腐病的措施

1. 灾后猕猴桃园可能出现的系列问题

持续强降雨造成部分果园架材倒伏、藤蔓折断、叶面污损严重，洪水退后个别果园垃圾成堆，园区道路淤泥覆盖、沟渠阻塞严重，给种植户造成的经济损失惨重。

（1）土壤湿度大，根系缺氧死亡严重

通过在都江堰市胥家镇田间测试结果显示，露地猕猴桃园树盘土壤湿度为 90%~98%，而避雨栽培区树盘土壤湿度为 77%~82%。猕猴桃属于肉质根系，且以粗度 ≤ 0.2cm 毛细根为主，当其长期处于湿度 90% 以上土壤中，会在 24h 以后出现严重缺氧、褐变并大量死亡，这将极大地影响植株吸收养分、水分能力。而此时期正值猕猴桃早熟品种干物质积累期、晚熟品种果实第二个快速生长期，一旦出现吸收障碍，必将对当年果实品质、产量形成较大影响。

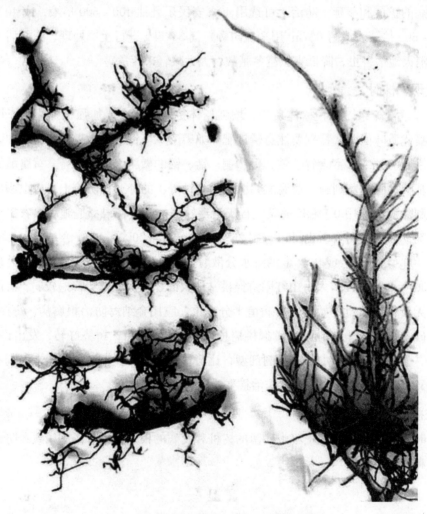

图 10-5　猕猴桃园受灾后根系大量褐变死亡

图 10-6　猕猴桃园受灾后根系大量褐变死亡

图 10-7　猕猴桃园受灾后根系大量褐变死亡

（2）病菌繁殖快，落叶落果现象严重

降雨天气已持续半个多月，笔者调查发现，受持续降雨天气影响，多数园区未能及时喷施褐斑病、炭疽病、黑斑病等防控药剂，加上夏季修剪滞后，果园通风透光性差，个别红阳猕猴桃园叶片已出现严重褐斑病症状，金果、金艳等黄肉品种则果实炭疽病危害严重，出现少量落果现象。如综合防控工作不及时，极有可能在 7 月底~8 月初就出现严重早期落叶落果，危害树体健康。

图 10-8　落叶落果现象严重

（3）杂草生长快，化学控草现象普遍

7 月本就是各类杂草快速生长期，而持续强降雨天气造成土壤湿度大，给杂草生长提供了优越条件。通过在个别果园已发现杂草上架与猕猴桃共生长现象，考虑到洪灾后果园管理任务重，多数果农为枪农时，只能被迫选择化学除草。而目前除草剂只有草铵膦、草甘膦类，猕猴桃根系分布浅，大量施用除草剂，必然对根系造成二次伤害。

图 10-9　猕猴桃果园雨后杂草生长快

（4）保树养树心切，大量撒施复合肥

部分果农可能认为现在土壤湿度大，果实生长又缺肥，为节约劳动力，干脆利用较高的土壤湿度期大量撒施均衡型、高钾型复合肥，以促进植株生长。然而在高湿度环境下，土壤根系吸收能力极差，部分植株甚至因长期淹水已造成吸收根大量死亡，肥料撒施后，只会为杂草生长提供更好条件，如图10-10所示。

图10-10　撒复合肥

2. 降雨后猕猴桃园土壤生产恢复措施

（1）迅速清理、整理果园

大雨、洪水过后，各种植户要迅速组织人员及时对果园进行清理、整理。①及时扶正被暴雨冲压的苗木、架桩，根系裸露的树、苗要及时用新土培护；②清除园区厢面、厢沟淤泥和乱石，并及时疏通果园内外沟渠，加强园内排水，保证厢沟无积水、做到雨后园干；③尽快修复损毁的架材，疏理枝蔓，使受损植株尽快重新上架，剪除断、损枝叶，对根系被雨水持续浸泡48h以上的植株，要疏除部分果实，并剪除幼嫩枝梢和旺长枝条，以减轻树体负荷；④被洪水淹没过的套袋果，应及时解除纸袋；⑤人工除草，中耕松土，尽快降低土壤湿度。

（2）全园消毒、增施叶面肥

务必要抓住暴雨过后天气转晴机会，对全园细致喷洒2~3次高效杀菌剂和叶面肥。

1）杀菌剂和叶面肥复配推荐方案为

吡唑.醚菌酯（或苯甲.醚菌酯）+氨基寡糖素+氨基酸液肥（或磷酸二氢钾），全树喷洒，重点防控早期落叶病，提高树体抗性。地面可单独喷施：石硫合剂或松脂酸钠清园。

2）对植株根系被雨水持续浸泡24h以上的植株，扒开根颈部位土壤，晾根；待土壤稍微干燥时（2d未降雨后）及时用甲壳素＋甲霜恶霉灵＋生根剂进行灌根，控制根腐病蔓延和促新根生发；待根系修复后，再用高钾型水溶肥进行灌根，促果实和树体生长。

3）注意事项

考虑到大雨造成大量猕猴桃叶片、果实和树干污损，建议有条件的地区或农户，采用高压喷雾器进行喷施杀菌剂和叶面肥，利用水压将树体清洗干净，保障枝叶进行正常生理活动，促进树体恢复。在猕猴桃溃疡病、根腐病等重大病虫害高发园区，喷药时必须细致周到且交替用药。购买了农业保险的种植户，需收集保存与灾情相关信息和图片，积极配合保险公司开展灾后查勘定损，最大程度弥补受灾损失。

3. 暴雨诱发猕猴桃溃疡病的预防措施及专用药

（1）溃疡病诱发的主要因素

1）品种选不对。

2）种苗接穗带病不控制。

3）虫害、雨水、特别修剪嫁接刮皮易传播。

4）负载重、膨大剂滥用、树体受冻、土壤环境不适应。

5）树乱栽、药乱用、肥乱施、水乱灌、除草剂乱打。

6）极端天气伤根伤干枝叶。

（2）几种通用的防治方法

1）加强营养，增强树势，提高抵抗能力。

2）选择抗性砧木、改换优良品种、依赖抗病基因。

3）改善土壤环境、改变施肥灌水不良习惯。

4）清除枯枝落叶，病干病枝刮皮涂抹

5）抓住关键时间，春秋喷药防治。

大部分防治技术都在药剂上下功夫，肉眼看见病斑了才进行处理。

随着猕猴桃种植规模扩大，品种引进失控，猕猴桃溃疡病防治难度越来越大。

单靠药剂见病喷涂无法彻底防治。必须多措并举打组合拳。

（3）猕猴桃溃疡病组合防治八字方针

1）控

控制携带溃疡病危险性品种进入猕猴桃集中连片种植区域。

控制中华猕猴桃品种进入美味猕猴桃集中连片种植区。

控制在溃疡病种植区域引进苗木采集接穗，苗木接穗定植使用前必须消毒处理。

控制滥用大果灵，控制连年超标准产量挂果。

2）查

查清一个集中连片区域内的病害程度，发现时间 . 发展过程，危害的品种，树龄 . 危害的集中部位。分析病害来源，区分溃疡病和枝枯病；区分叶斑病和溃疡病；区分根腐病和溃疡病。查种苗接穗来源，查修剪嫁接的剪接口；查施肥灌水．降雨高温降温气象记录，为准确防治打好基础。

3）清

清除枯枝落叶．田间地头疑是病菌寄生场所的杂草灌木．垃圾。

清除检查出的病枝．病干．病根。严重感病的主干枝条，确诊感病的根系，及时清理出果园烧毁。

对于覆盖树盘的地膜．塑膜袋．废旧遮阴网及时清理，不能就地深埋。

枝干清除一定要彻底，剪口下主干木质部．韧皮部．髓部必须健康鲜活，尽可能避开伤流期去大枝造大伤。如果伤流期必须剪除枝条时可结合我提出伤流期的技术措施。

4）防

溃疡病重在防，防的基础上要抓住机会做好早期治疗。

溃疡病防治难度在于其潜伏的时间长、场所多，比如红阳品种从嫁接接穗到发病潜伏期超过一年以上，不挂果不显病。易感病品种浑身都可能感病，主干、主蔓、枝条、叶片都发现了明显感病症状，2010年我在调查中首次发现根系感染溃疡病。

因此防溃疡病要地上地下一起防，浑身上下一起防。

防治时间掌握春防枝干、夏防叶、秋季防治浑身，冬防剪口。

防治的药剂主要有以下几种类型：

保护型：药剂喷布后能形成树体易感病部位与树体隔离。如处理剪锯口清园用的石硫合剂，如防叶片溃疡的代森锰锌。

抑制型：春雷霉素．中生菌素，农用链霉素等生物制剂。或者用有益菌控制有害菌，如用EM菌灌根。食用醋．臭氧混合液．中药制剂也起到一定抑菌作用。

治疗型：休眠期防治枝干用的施纳宁，生长期树体用的氢氧化铜，叶枯唑等。

氧化型：通过氧化作用杀死病灶处的溃疡菌。如高锰酸钾，过氧乙酸，乙蒜素等。

自杀型：汽油．柴油．机油，甚至食用油整树涂抹。或选择高浓度硫酸．盐酸．烧碱刷树，病菌与树同归于尽。

营养型：增强树势，补充营养，氨基酸．酵素等等，多在病发期无治疗作用。

愈合型：多能在刮除的病斑促进伤口愈合，如弗兰克，富尔康等。

恢复型：多在病害后期用于恢复树势，如芸大120，碧护等。

①保守治疗

刮病灶树皮，涂抹治疗型杀菌剂，最后可以加上愈合型药剂。也有用提前判断易感病单株对树体纵向用刀片划出几道伤口，直达枝干木质部，再涂抹治疗型杀菌剂。这样容易让病树形成小老树，影响正常生长实现丰产。

推荐不严重感病枝干用药泥涂抹包裹，结一年果实后确定去留。

②铲除治疗

彻底普查的基础上，在一连片种植园区内，彻底清除病枝病干病根，彻底更新易感病品种，连续三年降低区域内病害。

③组合防治

地上打药防病虫，地下防根结线虫.根腐病，防治溃疡病。生物菌剂灌根或巧用硫磺粉杀菌。

春防枝干，夏防新梢叶片，秋季整树防治并防治危害枝干新梢虫害，冬季做好剪锯口处理。

5）养

有人说猕猴桃溃疡病和人一样是吃出来的病，施肥过量或不当.灌水降雨积水受涝容易出现溃疡病。

猕猴桃管理必须精心，及时补充适合的营养和充足的光照条件必须到位。

养树必须先养地，在土壤管理上不增加有机质，不调节合适的中性酸碱度土壤环境容易弱树病树。

适时的抹芽定梢除萌，修剪管理，绑枝固蔓很有必要。

合理负载保持树体生殖生长和营养生长平衡，结果枝和营养枝配备合理。及时采收早歇树，补施养树肥和深施基肥

6）保

冬季刷白包裹防冻保护枝干；夏季遮阴防叶片枝干高温伤害；及时增施有机肥.地面覆草保肥保墒；防止早春霜冻伤芽伤新梢。及时通风透光.补充叶面肥增强枝条光和积累。

7）统

统防统治，统一思想。统一控制品种苗木接穗，统一修剪嫁接。统一清园处理，统一病虫害监测预报，统一选药集中喷防。统一确定施肥灌水方案，争取防治资金支持。

8）改

改变传统观念，一家一户防不住溃疡病，舍不得铲除，留下的终究是后患。不是价高的品种就适宜自己种植。

改修剪嫁接习惯，重视修剪嫁接工具消毒，重视夏季修剪，减少冬季剪除大枝。

改防病用药观念，用药时间，用药种类要弄清楚，不盲目跟风，不做无用功。

夏季正处于溃疡病危害高发期，降雨会推迟猕猴桃萌芽，却有利于加重溃疡病的发生，会对生产造成一定的影响，应在溃疡病防治八法指导下加强果园溃疡病检查，及时用药防控，降低损失。

三、猕猴桃根腐病黄化原因及防治措施

随着种植年限的上升，种植面积的扩大，猕猴桃的根腐，黄化问题日益突出，严重的

地块年年绝收，百姓苦不堪言，猕猴桃根腐黄化究竟如何解决？

图 10-11　黄化病

1. 发病症状

猕猴桃黄化主要表现在叶片，除叶脉为淡绿色外，其余部分均失绿发黄，叶片小，树势衰弱，严重时叶片发白，外缘卷缩枯萎。果皮浅绿黄化，小而硬，单果重减小，果肉切开呈白色，失去了食用价值，长期发病还会导致整株死亡。猕猴桃黄化是果农很头疼的问题，如图 10-11 所示。

2. 发病原因

（1）品种抗性

目前猕猴桃栽植品种众多，不同品种黄化病发病率和发病程度差异较大，以秦美品种发病最重，其次为徐香，金香、海沃德、红阳均发病较轻。

（2）施肥不当

1）由于偏施氮肥，例如碳酸氢铵和尿素，导致果园土壤耕性差，肥力下降，土壤养分严重失衡，使土壤中多种微量元素如镁、锌、铜、锰等供应失调，各元素间发生拮抗作用，引起植株黄化。

2）化肥施用过量或未腐熟的有机肥，导致果园土壤问题严重，肥力下降，养分平衡被破坏，同时还容易造成烧根，黄化发生比较重。

3）挂果量

在其它条件基本相同的情况下，挂果量连年大、挂果较早、挂果历史越长的果园发病较重，反之则轻。

4）使用猕猴桃膨大剂

由于市场作用和眼前利益影响，果农在猕猴桃生产中为了追求个大、产量高、销售快，广泛使用膨大剂，由于膨大剂并不增加营养，只是改变了营养分配比例，从而造成树体衰弱，直接导致黄化病连年重发。

5）根部问题

根系不发达、根毛少、腐根多等都容易出现黄化现象。猕猴桃根部病害如根腐病、根结线虫病等的发生，干扰和破坏了根系吸收和合成利用土壤中各种矿质营养元素的功能，于是根部由病理性病害引发生理性缺素症，造成树上叶片黄化；施肥不当引起的烧根，也会引起黄化；猕猴桃是浅根系作物，灌水过多、过勤等引起烂根和部分营养元素的固定，容易发生黄化问题。

另外，土壤板结，不适当的浇水方式，栽植过深等都是引起叶片黄化的原因。

3.综合防治措施

（1）在猕猴桃建园时，土壤 pH 值以 5.5～7.5 为宜，应尽量选择土层深厚、土壤肥沃、通透性良好的沙壤土田块。

（2）平衡施肥，适量增加中微量元素、有机肥和生物菌的施入。

（3）控制产量，提高活力，盛果时期，严防负载过量，以保持健壮的树势。

（4）适期灌水，避免大水漫灌，过量灌水，特别要谨防积水，有条件的可采取滴灌技术。

（5）杜绝蘸膨大剂，减少黄化病发生，防止树体过早衰弱。

（四）药剂防治

1.展叶期：靓果安 300 倍液＋有机硅喷 2 次，其中有一次搭配沃丰素 600 倍液。

2.谢花后：靓果安 300~500 倍液＋沃丰素 600 倍液＋有机硅喷雾 1 次。

3.果实生长期：使用靓果安 300-500 倍＋沃丰素 600 倍＋有机硅进行喷雾 2~4 次，基本每次间隔 10~15 天。病害高发期或雨季来临前可配合喷施大蒜油 1000~1500 倍或当地化学药。

4.根系保护：在剪除病根、刮除病皮的基础上，选用青枯立克原液涂沫病疤，同时使用青枯立克 100 倍＋沃丰素 600 倍灌根，连灌 2 次，间隔 7 天。

5.清园：萌芽前半个月、落叶后使用溃腐灵 60~100 倍喷雾 1 次。

对根系因根腐病诱发黄化树，要尽快根治根部病害，治病后养根。

第十一章 猕猴桃根结线虫病综合防治技术

第一节 猕猴桃根结线虫病的症状

猕猴桃根结线虫病在植株受害嫩根上产生细小肿胀或小瘤，数次感染则变成大瘤。瘤初期白色，后变为浅褐色，再变为深褐色，最后变成黑褐色。

一、根线虫的形态

根结线虫（图 11-1）是一类植物寄生性线虫，会引起猕猴桃树根形成根结，并更容易感染其他真菌和细菌性病害，影响猕猴桃生长，造成猕猴桃黄叶，严重时可致幼树整株死亡。根结线虫寄生于许多种不同的农作物上（超过 2000 种植物）并可快速繁殖，再加上相对短的生活史等特点，危害那是相当的大。

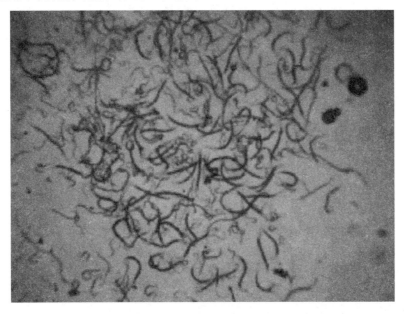

图 11-1 根线虫的形态

二、症状特点

猕猴桃根线虫危害的植株从春季新发嫩芽开始发黄，症状与缺铁相似。成树首位还后结果少，易落果，味酸品质差。挖开根部观察，在植株受害嫩根上产生细小肿胀或小瘤，数次感染则变成大瘤。

1. 地下根部

无论猕猴桃的主根、侧根和须根，也无论是那一个生育期都能受到根结线虫的侵害，受害根肿大，呈大小不等的根结（根瘤），直径可达 1~10cm。根瘤初呈白色，以后呈褐色，受害根较正常根短小，分枝也少，受害后期整个根瘤和病根可变成褐色而腐烂。根瘤形成后，根的活力变小，导管组织变畸形歪扭而影响水分和营养的吸收。由于水分和营养吸收不上去，结果地上部表现出缺肥缺水状态，生长发育不良，叶黄而小，没有光泽。

图 11-2　地下根部

图 11-3　根线虫的形态

2.苗木发病

受害轻时，苗木生长不良，表现细弱、黄化，受害严重时苗木尚未长成便已枯死。受害部位形成虫瘿或肿瘤，大的像黄豆，小的像小米粒，如葡萄串一个连一个。在大树根部受害部位有一部分根全肿，有不同瘤状突出，根很不平展，不光滑；严重的根系结成大瘤状块，整个根缩短不生长。最后停止生长，严重时死亡。有的将死根误认为是根腐病，二者截然不同。

小苗上发生如小米粒，一串一串的，受害后根不生长，干枯死亡，不死的也是短根，栽后很难成活，就是活了也不生长，最后还是死亡。有的果农询问，栽幼苗死的死，黄的黄是啥原因，其中原因之一，就是根结线虫危害。染上根结线虫的猕猴桃整个生育价段受影响，树体衰弱，开花结果少，果的质量差。

图 11-4　苗木发病

第二节　猕猴桃根结线虫病的发病规律

根结线虫以卵囊内的卵和二龄幼虫在根或土壤内越冬。早春根系开始生长时卵开始孵化，卵为乳白色，蚕茧状。一龄幼虫在卵内蜕皮，呈线性卷曲在卵内，出卵后为二龄幼虫。二龄幼虫在土壤中活动伺机侵入新根，在根内发育成 3 龄、4 龄幼虫和成熟的雌虫、雄虫，雌虫将卵产到根外的卵囊内便死去。如此反复直到越冬，土壤温度 10℃以下、30℃以上不利于根结线虫的繁殖、发育、侵染。

一、形态特征

成虫雌雄异形，雌虫鸭梨形柠檬形，雄虫线形。卵长椭圆形（或肾形）。幼虫线形。会阴花纹和吻针形态是区别不同种类线虫的重要特征。

二、生理生化特征

该虫营孤雌生殖。猕猴桃根线虫在猕猴桃上繁殖适温24~35℃，一季猕猴桃3~4代，以第一代为害最重。猕猴桃根线虫在土壤内垂直分布可达80cm深，但8大多数猕猴桃根线虫在分布在距地面40cm的土层内。

三、危害对象

寄主范围广。除寄生猕猴桃、花生外，尚能为害14科80多种植物。

四、分布

世界分布。国内猕猴桃产区，河北、河南、安徽及山东等省。

五、传播

猕猴桃根线虫靠幼虫本身的蠕动在土壤中活动，范围有限，田间传播主要靠农事操作，如耕作、流水等，远距离传播主要是靠调运混有病土或土粒的种子传播。另外，大风也可将土表的卵囊传播一定距离。

六、危害症状

随着猕猴桃栽培面积的发展和其树龄的不断增加，线虫病的危害也逐年加重，现已成为遵义猕猴桃根部的主要病害之一。它主要引起根结和树体生长不良，植株黄化衰退或褐斑加重、落叶、挂果多而发育不良、日灼、枯死、蔫果等。

猕猴桃根线虫危害的植株从春季新发嫩芽开始发黄，症状与缺铁相似。成树首位还后结果少，易落果，味酸品质差。挖开根部观察，在植株受害嫩根上产生细小肿胀或小瘤，数次感染则变成大瘤。

第三节　猕猴桃根结线虫病的防治方法

一、栽培防治

猕猴桃定植地及苗圃地不要利用原来种过葡萄、棉花、番茄及果树的苗圃地，最好采用水旱轮作地作苗圃地和定植地。此法对防治根结线虫病效果很好。此外要重视植株的整形修剪，合理密植，改善园内通风透光条件；多施农家肥，改良土壤，提高土壤的通透性。这些植物对根结线虫有一定的抑制作用、一经发现病苗及重病树要挖出烧毁。引进种苗要严格检疫，发病轻的，可剪去带瘤的根并烧毁，植株的根在 44℃~46℃的温水中浸泡5 分钟。

二、套种植物

在果园中最好套种些能抑制很结线虫的植物，如猪屎豆。适合猪屎豆种子种植的时间主要分为两部分。第一阶段就是每年上半年，大约在 2 月到 5 月份期间，第二阶段主要是下半年，大约是在 9 月到 10 月份之间，所以大家在种植猪屎豆种子的时候，尽可能选择这两个阶段进行播种。

图 11–5　套种植物（一）

图 11-6　套种植物（二）

1. 种植高质量猪屎豆

要想种植出高质量的猪屎豆，选择好的播种阶段只是其中一方面的要素，还有就是大家要选择质量比较高的种子，这里的质量比较高的种子不仅仅是指的个头比较大，还必须要饱满，同时还必须是新的种子，绝对不能使用存放了几年或者是更久的种子，再就是对于猪屎豆种子生长环境的选择，虽然说猪屎豆对于生长环境没有挑剔，但是在好的生长环境下，猪屎豆的生长状况也是会更好的，所以如果当地的土地比较富裕，尤其是好土地比较多的话，建议还是选择好的土地来种植猪屎豆，如果条件不允许的话，那可以选择土地比较差的地方进行种植。

2. 猪屎豆的生态习性

猪屎豆是一种韧性很强的植物可在河床地、堤岸边、烈日当空、多砂多砾的环境生长。在这样的土地上，没有太多的土壤，自然也没有太多的养分；缺少了林荫的覆盖，温湿度的变化，自是随着天气的转换而呈现剧烈的变动，大晴天晒得火烫，寒流来袭也是首当其冲，但猪屎豆却也能正常成长。

3. 猪屎豆抑制很结线虫的作用

研究表明，猪屎豆根系粉适合淡紫拟青霉的生长、能使淡紫拟青霉孢子萌发率提高、能使淡紫拟青霉对根结线虫 J2 的毒杀活性提高 7.67%，并且猪屎豆与淡紫拟青霉联合使用防治烟草线虫病时，其能使淡紫拟青霉对烟草根结线虫病的防治效果提高 10.2%，且能显著改善烤烟的株高与叶宽，因此猪屎豆与淡紫拟青霉之间存在显著的协同增效作用，可作为 2 种具有生防潜质的根结线虫生防因子加以联合开发与利用。

二、药剂防治

患病轻的种苗可先剪去发病的根，然后将根部浸泡在 1% 的农药中 1 小时（农药用草肪威、异丙三唑硫磷、克线丹或克线磷等）。对可疑有根结线虫的园地定植前每 667m² 用 10% 克线丹 3~5kg，进行沟施，然后翻入土中。猕猴桃园中发现轻病株可在病树冠下 5-10cm 的土层撒施 10% 克线丹或克线磷（每 667m² 撒入 3~5kg）。施药后要浇水，也有防治效果。苗圃地发现病株，可用 1.8% 爱福丁乳油，每 667m² 用 680g 对水 200L，浇施于耕作层（深 15~20cm），效果好，且无残毒遗留，对人畜安全。用 3% 米尔乐颗粒剂撒施、沟施或穴施，每 667m² 用 6-7kg，药效期长达 2-3 个月。

三、生物防治

贵州省铜仁市科技人员在帽子坡、白水等村对覆草与不覆草的猕猴桃果园根结线虫病发生情况的对比调查发现，覆草后的果园每 100g 腐烂草中有腐生线虫 5000 条以上，而没有覆草的果园腐生线虫却很少。腐生线虫越多，捕食根结线虫的有益生物就越多，可以起到对根结线虫的生物防治作用，这与国外报道的试验相似。

第十二章　猕猴桃软腐病及综合防治技术

第一节　猕猴桃软腐病的症状

随着产业的迅猛发展，猕猴桃病虫害问题日益突出，尤其是贮藏及销售期间发生的首要病害—果实腐烂病，给猕猴桃产业造成了重大的经济损失。

一、猕猴桃软腐病技术的研究综述

猕猴桃软腐病属于真菌性病害，由于引起该病害的病原菌一直存在争议，近些年对猕猴桃软腐病病原菌的鉴定研究逐渐增多。

1. 病害的发生及危害

猕猴桃软腐病是一种采后储藏性病害，也称熟腐病，其典型症状是果皮上形成褐色的病斑，多呈圆形或椭圆形，病斑边缘呈一圈水渍状环带，病斑内部果肉颜色乳白，病健交界处果肉水渍状，可形成穿孔性腐烂，严重时整个果实完全腐烂。在果实采摘后发病比较严重，会造成果实大量腐烂，直接影响果实的品质，该病害在新西兰、日本、韩国、智利、意大利等国家都被报道过。Beever 在 1979 年报道了该病害的危害性。Pennycook 等于1985 年对新西兰猕猴桃软腐病的发病及病原学做了具体的介绍。黎晔在 1982 年提出日本德岛县猕猴桃出现软腐病，并就引起该病害的原因作出相关分析；同年，日本永田贤嗣报道猕猴桃软腐病在日本猕猴桃主栽区均有发生，意识到该病害是猕猴桃采摘后影响猕猴桃品质的最大问题。我国关于猕猴桃病害系统性调查与防治开始于 20 世纪 70 年代，认为猕猴桃储藏期病害主要为果实灰霉病和青霉病 2 种。1994 年李爱华等在对陕西猕猴桃病害研究时报道了猕猴桃软腐病的发生规律与防治初探，提出猕猴桃软腐病的危害性极大，已经严重影响了猕猴桃的经济效益。1995 年丁爱冬等对北京和西安等地的猕猴桃腐烂病进行研究，发现我国猕猴桃采后腐烂病的发生主要是由采摘运输时造成的机械伤口感染造成。猕猴桃软腐病自发生至今，均未得到有效的根治方法，是果农最担心的一种病害。

2. 病原学研究

猕猴桃软腐病是由真菌引起的病害，研究发现引起该病害的病原菌种类不是单一的致病菌。历年来，许多学者针对猕猴桃软腐病病原菌的研究存在较大争议。但多数学者认为葡萄座腔菌及拟茎点霉菌是引起猕猴桃软腐病的主要病原菌。丁爱冬等从猕猴桃软腐病病果上分离得到 8 种真菌，经刺伤接种试验发现，优势致病病原菌为灰葡萄孢菌、拟茎点霉菌和青霉属菌。随着鉴定技术的完善，形态学、分子生物学等方法成为病原微生物鉴定的常规方法，周游等采用形态学与 ITS-rDNA 相结合的方法证明 Botryosphaeria dothitde、Lasiodiplodia theobromae 和 Neofusicoccum parvum 是引起四川省猕猴桃软腐病的主要病原 [12-13]；李诚等则认为，引起江西省猕猴桃软腐病的病原菌主要是葡萄座腔菌（Botryosphaeria sp.），其次是拟茎点霉菌（Phomopsis sp.）；段爱莉等报道，引起陕西猕猴桃软腐病病原菌主要是青霉属菌；黎晓茜等的研究认为，引起修文县猕猴桃软腐病的病原菌是盘多毛孢菌；李黎等采用形态学与分子生物学相结合的方法，对采集自我国不同地区 28 份猕猴桃果实软腐病感病果实进行了病原菌的分离与鉴定，结果显示，拟茎点霉菌是我国猕猴桃软腐病的主要病原菌，葡萄胞菌、小孢拟盘多毛孢菌是次要病原菌。王小洁等认为，引起安徽省猕猴桃软腐的病原菌是葡萄座腔菌。

2018 年，潘慧等对贵州六盘水"红阳"猕猴桃病害进行了调查，指出引起该地区猕猴桃软腐病的病原菌种类很多，包括葡萄座腔菌、拟茎点霉菌、拟盘多毛孢和互隔链格孢等。雷霁卿等先后对贵州省修文县"贵长"猕猴桃、六盘水"红阳"猕猴桃软腐病病原菌进行了分离鉴定，认为引起修文猕猴桃软腐病的主要致病菌是葡萄座腔菌和拟茎点霉菌，引起六盘水猕猴桃软腐病的主要致病菌是葡萄座腔菌、拟茎点霉菌与交链孢菌。以上研究结果均表明，猕猴桃软腐病是由多种病原菌引起的，但主要致病菌为葡萄座腔菌和拟茎点霉菌，这为猕猴桃软腐病的防治提供了参考。

3. 病害的防治

猕猴桃软腐病属于采后储藏期病害，早期关于该病的防控多注重采后储藏条件的研究。日本高屋茂雄等的研究报道指出，猕猴桃果实软腐病受储藏条件的影响。李爱华等在对陕西猕猴桃软腐病研究中提出了最初的防治方法，认为猕猴桃软腐病病原菌是一种弱性寄生菌，既要注意果园建园的水、土、气条件，防止病菌的蔓延，还要注意储藏入库前及储藏中期病果的检查，及时将病果拣出，能有效防止病害造成的经济损失。丁爱冬等研究表明，猕猴桃储藏期腐烂果主要是由于果实机械损伤感染造成的，因此在实际生产中选育品质好、抗机械损伤能力强的品种是防治果实腐烂的一种有效途。

21 世纪初，随着化学农药的广泛应用，许多学者提倡采用化学农药防治猕猴桃软腐病的发生。2003—2005 年姜景魁等对由拟茎点霉菌引起的福建建宁猕猴桃果实黄腐病进行了田间防效试验，发现异菌脲和苯醚甲环唑具有良好的防治效果；2009 年，余桂萍等报道了猕猴桃软腐病的发病规律及防治方法，认为猕猴桃软腐病是 Botryosphaeria sp. 和 Phomopsis sp.2 种病原菌侵染造成的，提出了化学药剂防治的方法，认为多菌灵、抗菌素402、退菌特效果最好；2013 年，王井田等采用套袋法研究了猕猴桃果实腐烂病病菌拟茎点霉菌的侵染规律，提出己唑醇、咪酰胺锰盐和苯醚甲环唑对猕猴桃果实腐烂病菌菌丝具有较高的抑制作用。莫飞旭等指出四霉素与戊唑醇复配对猕猴桃软腐病病原菌葡萄座腔菌的抑制具增效作用，混合施用对该病有明显预防效果，大幅降低了采后病果率，防效最高达77.08%。

由于化学杀菌剂会对食品安全和环境保护带来潜在的隐患，加之生物农药不断发展，一些学者对该病害的防治研究由化学农药防治转向生物农药防治。范先敏针对猕猴桃软腐病病原菌葡萄座腔菌筛选出3种拮抗菌，分别为异常威克汉姆酵母、费比恩赛伯林德纳氏酵母和芽孢杆菌属生防细菌。胡容平等以木霉菌作为生物筛选材料，针对猕猴桃软腐病病原菌葡萄座腔菌做了拮抗试验，并筛选出对葡萄座腔菌抑制性较好的菌株，该研究为木霉菌生防菌的筛选提供了参考。吴紫燕等对橘绿木霉菌的次级代谢产物哌珀霉素进行了研究，指出该次级代谢产物对猕猴桃软腐病病原菌葡萄座腔菌具有较强的抑制作用。

在发展生物农药的同时，利用物理、化学或生物的方法诱导提高果实自身抗病性从而减轻腐烂的发生，已成为采后病害控制的研究热点。张承等提出，采前在猕猴桃幼果期和壮果末期的果面喷施壳聚糖复合膜剂能显著降低果实软腐病的发病率和诱导果实抗病性增强。盘柳依等指出，一定浓度范围内的茉莉酸甲酯可抑制猕猴桃果实采后软腐病菌Botryosphaeria sp. 的生长，用一定浓度茉莉酸甲酯熏蒸猕猴桃果实可提高猕猴桃果实POD、SOD、CAT、PPO和APX等防御酶活性，从而降低软腐病的发生。

目前，我国对猕猴桃软腐病的研究，在病原菌的鉴定、化学药剂防治、生物农药防治及采后果实的保鲜处理上取得了一些成果：已经查明引起该病害的主要病原菌是葡萄座腔菌和拟茎点霉菌；市场上常见的杀菌剂多菌灵、抗菌素402及四霉素与戊唑醇复配剂对猕猴桃软腐病有一定的防治效果；针对病原菌葡萄座腔菌筛选出木霉菌为生防菌；在保证食品安全下提出了在果实表面涂抹、喷洒壳聚糖、茉莉酸甲酯等对果实软腐病的防治措施。

随着猕猴桃种植产业的不断发展，猕猴桃软腐病仍是危害储藏期猕猴桃果实的主要病害。病原菌的侵入途径及致病机理将是该病害研究的重点，冯丽等对猕猴桃花、健康果实、发病果实进行了研究，提出猕猴桃果实腐烂病病原菌的侵入途径很可能是通过采收、运输和包装过程进入猕猴桃内的，而不是通过寄生在衰老的花器上进入果实的。只有搞清楚病原菌的侵入途径才能有的放矢，从本质上降低软腐病的发病率。笔者认为关于猕猴桃软腐病的研究接下来要从以下几个方面着手：第一，查明病原菌的侵入途径；第二，果实采摘前软腐病发病率低是否与果实内某种天然抑菌物质有关；第三，在保证食品安全情况下，大力挖掘生物农药，发展有效、无害的防治措施。

二、猕猴桃软腐病发病症状

猕猴桃软腐病主要发生在果实收获后的后熟期，病果和健果外观无差异，果皮由橄榄绿部分变褐，继向附近拓展，致半果致全果转为污褐色，用手捏压即感果肉呈浆糊状。

剖开病果会发现果肉呈黄绿至嫩绿褐色，健部果肉嫩绿色的软腐部位，软腐呈圆锥状深入果肉内部，多从果蒂或果侧开始发病，也有从果脐开始的，初期外观诊断困难。

图 12-1　软腐病症状

第二节　猕猴桃软腐病的发病规律

1982 年，日本首次在德岛发现了猕猴桃果实腐烂病，随后该病在新西兰、韩国、中国、智利及意大利等国陆续发生并暴发，严重威胁了世界猕猴桃产业的健康发展。感病果实在贮藏前期完全无症状，后熟期逐渐显现症状，发病部位（果蒂、果侧、果脐）表皮凹陷变软，出现圆形或椭圆形褐色病斑，病部中心果肉呈乳白色，病健交界处果肉呈黄绿色透明水渍状。纵剖病果可见病变组织呈圆锥状向果肉内部扩展，6～10d 后果实完全腐烂且散发酸臭味。感病果实口感风味大大降低，易使消费者误认为是该品种或该地区猕猴桃的品质问题，直接影响猕猴桃销售和出口，给栽培农户及销售厂家造成重大经济损失。

图 12-2　猕猴桃软腐病

一、主要致病菌类型

历年来许多学者针对软腐病的致病菌种类进行了研究，结果存在较大争议。但综合目前文献可知，葡萄座腔菌和拟茎点霉菌属（Phomopsis sp.，有性态为 Diaporthe sp.）被认为是世界猕猴桃果实软腐病的主要致病菌。葡萄座腔菌在新西兰、韩国以及我国的江西奉新、陕西周至、贵州六盘水、北京房山、浙江江山、福建建宁、安徽金寨及广德被认为是猕猴桃软腐病的主要致病菌；拟茎点霉菌在智利、土耳其以及我国四川、湖南、福建等省份被鉴定为软腐病菌，其中包括 D. nobilis、D. longicolla、D. passiflorae、D. lithocarpus、D. ambigua、D. australafricana、D. novem、D. rudis、D. hongkongensis、Phomopsis mali、Phomopsis vaccinii 及 D. viticola 等种类；其他病原菌也在软腐病果实上被鉴定到，如：苹果轮纹病菌、茎点霉菌、拟盘多毛孢菌、层出镰刀菌、链格孢菌（Alternaria alternata）、盘多毛孢菌（Pestalotiopsis gracilis）及层出镰刀菌等。

2015—2017 年，通过对我国猕猴桃的果实软腐病菌进行了全面鉴定，发现软腐病是由多种真菌引起的，包含葡萄座腔菌、盘多毛孢菌、链格孢菌及拟茎点霉菌属菌株，其中拟茎点霉菌属菌株检出率最高且致病力最强；不同地区不同品种的致病菌存在明显差异，如重庆和河南地区的葡萄座腔菌检出率高，贵州、四川及江西地区的拟茎点霉菌检出率高；菌株种类差异可能与不同栽培区域温度湿度环境、病原菌的来源及侵染能力有关。

二、田间侵染途径及规律

早期研究普遍认为猕猴桃软腐病是一种采后病害，采收运输过程中的机械伤口是病原菌侵染的主要途径。后期研究发现，果皮较厚、毛较硬的品种，抗机械伤能力较强，但发病率仍较高，说明机械伤口不是软腐病的主要侵染途径。笔者在对猕猴桃品种软腐病抗性研究的试验中，也发现品种抗病性与果皮厚度没有直接关系，对于中华和美味系来说，品种间也没有直接关系。

近几年，国内外针对病原菌的侵染规律陆续展开了系列研究：认为葡萄座腔菌以菌丝体、分生孢子和子囊壳在枯枝、果梗上越冬，翌年春季恢复活动，幼果至成熟期侵染果实，5月至7月上旬为侵染高峰期，果底、果中部及果顶均为侵染点，感病严重会导致采前落果。研究人员采用套袋法分析认为，拟茎点霉菌属菌株在谢花后3周开始侵染幼果，谢花后6周侵染达到高峰，7月下旬开始第2次侵染。

为进一步明确猕猴桃软腐病的侵染规律，笔者对8个主要栽培品种的组织（枝条、花蕾、叶片、果实等）进行了2周年不同时期的病菌鉴定。结果显示：病菌以菌丝体或子实体的形式在枝条上潜伏越冬，翌年春天气温回升后，子囊孢子或分生孢子释放，借风雨传播，在早春花期时侵染花蕾，幼果形成期由花蕾转移至幼果上，直至果实贮藏期表现软腐症状。因此，提出对该病的防治关键时期是冬季休眠期及春季现蕾至幼果快速膨大期。

三、抗性种质筛选

筛选和培育抗病种质是防治猕猴桃软腐病的有效措施之一，因此，尽快筛选出品质高、抗性强的品种是目前亟待解决的关键问题。选育品质好、抗机械损伤能力强的品种是防治猕猴桃软腐病的有效途径。人工接种葡萄座腔菌及拟茎点霉菌结果显示，海沃德、云海1号和金艳表现高抗。笔者利用葡萄座腔菌、盘多毛孢菌、链格孢菌及拟茎点霉菌4种软腐病菌对国家猕猴桃种质资源圃中31个具有重要经济价值的主栽品种或品系进行软腐病抗性筛选，获得高抗及中抗种质10余份，结果显示猕猴桃种质的软腐病抗性分化明显，川猕2号、东红及和平1号等品种的抗性较强，红阳、秦美及香绿等品种的抗性较差。

四、猕猴桃与病原菌的互作机理

研究发现，葡萄座腔菌的侵染加快了猕猴桃果实硬度的下降速度，增加了可溶性固形物和总糖含量的损失，抑制了可滴定酸含量的下降，增大了维生素C的损失率；此外，接种葡萄座腔菌没有显著提高果实呼吸作用和乙烯释放速率的峰值，但诱导了果实呼吸跃变和乙烯释放高峰的提前，加速了果实的衰老、腐败。此外，研究发现，葡萄座腔菌接种猕猴桃果实后，果实SOD、POD、CAT、PPO、PAL及几丁质的活性均有大幅提高；由此表明，病原菌侵染诱导猕猴桃寄主细胞提高抗氧化酶活性清除自由基，同时积累了大量Pro以提高自身渗透调节能力，从而增强抗病能力，减轻宿主细胞受到伤害；PG和Cx活性也显著升高，说明病原菌主要是通过对细胞壁的破坏导致猕猴桃发病。目前，关于拟茎点霉菌及其他致病菌与猕猴桃的互作机理还有待进一步阐明。

第三节　猕猴桃软腐病的防治方法

近些年已在农业防治、园区管理及采后管理等方面开展了防治研究。对该病的防治既要注意果园建园的水、土、气条件，防止病菌蔓延，也要注意入库前及贮藏中期的病果检查，及时将病果拣出能有效减少病害发生率。

一、药剂防治

使用化学杀菌剂是田间防治植物真菌性病害的常用方法，而研究关键是筛选合适的药剂类型及使用浓度。新西兰、韩国学者认为，戊唑醇、扑海因、氟硅唑、苯菌灵、甲基托布津对软腐病防效明显。国内研究认为，5% 己唑醇微乳剂、10% 苯醚甲环唑水分散粒剂、50% 咪酰胺锰盐可湿性粉剂、50% 异菌脲悬浮剂、75% 肟菌酯·戊唑醇水分散粒剂及 80% 甲基硫菌灵可湿性粉剂对葡萄座腔菌及拟茎点霉菌菌丝及孢子具有较好的毒杀作用。四霉素：戊唑醇质量配比 =2∶1 的组合物也可有效用于软腐病防治。近 2 年，笔者运用 28 种真菌杀菌剂对葡萄座腔菌、盘多毛孢菌、链格孢菌及拟茎点霉菌进行了室内药剂防效测定，并在 4 个地区进行田间验证，证实防治效果最佳的 4 种药剂为 45% 代森铵水剂 150 倍液、30% 琥胶肥酸铜悬浮剂 300 倍液、86.2% 铜大师可湿性粉剂 1000 倍液及 47% 春雷王铜可湿性粉剂 500 倍液。

由于化学杀菌剂可能会对食品安全和环境保护带来潜在隐患，物理防治及生物农药已成为采后病害控制的研究热点。臭氧及新型 TiO2 光催化臭氧化方法被证实可有效控制软腐病菌侵染，有显著延缓发病的作用。木霉菌如橘绿木霉、哈茨木霉及其发酵产物能导致软腐病菌菌丝断裂，原生质外渗形成空腔，使菌丝生长受到抑制。此外，多种芽孢杆菌、酵母菌及其分泌发酵液和抗菌活性成分被证实可显著抑制软腐病菌的菌丝生长和孢子萌发，如西姆芽孢杆菌、枯草芽孢杆菌、多粘芽胞杆菌、侧孢短芽孢杆菌、异常威克汉姆酵母、费比恩赛伯林德纳氏酵母、拮抗酵母。

在植物源生物药剂方面，姜黄、丁香、肉桂及黄芩等中药提取物对葡萄座腔菌及拟茎点霉菌抑菌效果明显，处理后果实发病率减少了 35% 左右。此外，幼果期和壮果末期喷施壳聚糖复合保护膜剂，可显著降低丙二醛积累，提高果实的 SOD、POD 和 CAT 的酶活性，降低发病率，诱导增强果实的抗病性，且具有改善猕猴桃品质，延长贮藏期的作用。茉莉酸甲酯（MeJA）可破坏葡萄座腔菌的细胞壁结构完整性，降低软腐病发生；用一定浓度的茉莉酸甲酯熏蒸猕猴桃果实，可提高猕猴桃果实 POD、SOD、CAT、PPO 和 APX 等防御酶活性，提高病程相关蛋白 CHI、GLU 酶活，提高植保素类物质总酚的含量，增强果实抗逆性，且能改善果实外形与品质，延长贮藏期。采前喷施草酸和钙结合萘乙酸，也能提高猕猴桃贮藏期的抗病性。因此，未来运用更安全有效的植物源药剂或诱抗剂进行防治，也将是猕猴桃腐烂病防治的重要方向。

二、猕猴桃软腐病日常管理预防措施

1. 保花保果技术

（1）清园

清除果园周围与猕猴桃同期开花的花草和树木。如刺槐、柿子花期于猕猴桃花期相近，影响蜜蜂访花传粉。

做好清院工作：早春萌芽前半个月、秋季采果和落叶 2/3 后，使用溃腐灵 60-100 倍液进行全园喷施，杀灭病菌，营养树体。

（2）花前复剪

对雌株，于开花前 5~10 天疏除过多的徒长枝蔓、发育枝蔓、结果枝蔓和发育不良的花蕾。一个花序上只留中心花蕾，并在结果枝蔓最上一个花雷后留五片叶摘心，发育枝蔓留 12~15 片叶摘心，可利用的徒长枝蔓留 3~4 节重箭，将叶幕层控制在一米以内，保持园内通风透光。同时也可以集中养分促进生殖生长，有利于开大花促足粉、长大果。花前对雄雌株可不修剪。

生长期定期喷雾：特别是展叶期靓果安 300 倍、沃丰素 600 倍喷雾 2 次。从事绿色有机生产的可将靓果安浓度提高至 150 倍使用。

（3）水分管理

北方干旱地区猕猴桃花期如果遇到强光、高温、干旱或干热风等天气，应在开花前 2-3 天全园浇一次水。提高土壤和空气湿度，以利于提高花粉生活力，保证授粉。南方注意花期排水，防止根系渍水。

2. 疏果

疏果不彻底时要尽早疏果可以节省养分，使保留的果实获得最多的养分供应。时间：应在盛花后两周左右进行，坐果后应对结果过多的树进行疏果。方法：对猕猴桃而言，一个结果之中，其中部得果实最大、品质最好，先端次之，基部的最差；一个花序中，中心花坐果后果实发育最好，两侧的较差。所以，疏果时先输出畸形果、伤残果、病虫果、小果跟两侧果，然后再根据留果指标，疏除结果枝基部或先端的果实，确保果实质量和使树体均匀挂果。疏果后造成伤口，病菌容易侵入，此时增加抵抗力的最佳时期，生长期定期喷雾：靓果安 300~500 倍液、沃丰素 600 倍一年喷施 4~6 遍，主要在发梢期、幼果期和果实膨大期使用。特别是展叶期靓果安 300 倍、沃丰素 600 倍喷雾 2 次。从事绿色有机生产的可将靓果安浓度提高至 150 倍使用。

图 12-3 疏果

3. 修剪

修剪的基本技法主要有抹芽、疏枝、摘心、短截、绑蔓、回缩等。

抹芽：除去刚发出的位置不当或过密等不需要保留的芽。可以达到有效利用养分、空间的目的。主要是在夏季修剪的时候使用这个方法，时间应从早期萌芽时期开始，此时靓果安 300~500 倍液、沃丰素 600 倍一年喷施 4~6 遍，主要在发梢期、幼果期和果实膨大期使用。抹芽要及时，冒出 3~5cm 就可以抹掉，越早越好，抹芽要及时彻底，避免大量营养浪费。

图 12-4 修剪

4. 疏枝

是指将整个枝蔓从基部剪除，是对抹芽不及时或冬季修剪不彻底的补充工作。时间：疏枝在冬季跟夏季都可以采用。冬季修剪的时候，对内膛重叠的密生枝、细弱枝、枯枝、病虫枝或生长不充实的枝条从基部剪除。夏季修剪时，当新梢生长到，15~20cm 以上、花序开始出现时即可进行疏枝。一般从 5 月开始，6~7 月枝条旺盛生长时期是关键时期。首先，确定枝条数量，每个结果母枝上留 4~5 个结果枝。

5. 摘心

是指在新梢旺长期摘除新梢嫩尖部分，营养枝多为翌年的结果母枝。强壮营养枝留15~18 片叶摘心，也可放任生长至自然弯曲处从打弯处摘心。生长旺盛的品种，摘心要轻除按叶片数摘心外，对选留强旺枝，也可把枝条顶部出现弯曲、相互缠绕时作为摘心的标志，次时摘心，可不再出现二次枝。

图 12-5

三、猕猴桃软腐病的防治实例

"宜昌猕猴桃"软腐病发生规律及其防治技术宜昌作为世界猕猴桃的起源地，"宜昌猕猴桃"具有不可替代的品牌价值和文化价值，宜昌优越的气候条件、地理环境和山水资源，便利的交通条件，造就"宜昌猕猴桃"产业发展优势。2018 年宜昌猕猴桃"被农业农村部批准为国家地理标志保护农产品。地域保护范围为：位于东经 110℃，北纬29℃ 56′ ~31℃ 34′，所辖区域为夷陵区、点军区、秭归县、远安县、兴山县、长阳土家族自治县、五峰土家族自治县、宜都市、当阳市、枝江市的 10 个县市区的 87 个乡镇和街道办事处。宜昌猕猴桃规模化栽培和林下种植面积达 7.8km²，年产量达 4.3 万 t。

近几年来，随着宜昌猕猴桃种植面积的持续增加，相应的病虫害种类也越来越多，危害也越来越严重，尤其是猕猴桃软腐病的发生导致猕猴桃果实贮藏期腐烂极为严重，极大地影响了猕猴桃的商品品质和口感，影响了"宜昌猕猴桃"品牌，给宜昌猕猴桃产业带来了不小的经济损失。加强对宜昌猕猴桃软腐病的防治，对于提升"宜昌猕猴桃"商品价值和品牌价值，意义十分重大。称猴桃软腐病是一类真菌性病害，其主要致病菌为拟茎点霉菌和葡萄座腔菌，致病菌大多通过伤口侵入果实，从而引起贮运期间大量果实的腐烂。由于猕猴桃软腐病在幼果时就开始侵入，在果实贮藏时才导致果实发病腐烂，果农很容易疏于防范，等看到果实腐烂，防治为时已晚。为此，结合宜昌猕猴桃生产区气候特点及生产状况，参考国内外专家学者对猕猴桃软腐病的防治研究成果，从软腐病症状、病原菌及发病条件、发生规律、防治方法等四个方面进行了论述，希望能对"宜昌猕猴桃"软腐病的防治起到参考作用。

1. 软腐病症状

猕猴桃软腐病主要为害果实，其次是叶片、枝蔓。果子发病主要发生在收获和贮运期，初期病斑为浅褐色，在病斑周围呈现黄绿色，病健交界处有暗绿色晕环带。病部果肉呈淡黄色，内部呈海绵状空洞，发病中后期病斑凹陷，近圆形或椭圆形，褐色，中央常出现锥形腐烂点。果皮不易破裂，但易与果肉分离。常温下果实迅速变软，发病后果子全部腐烂。后期病部产生白色菌丝体，并有组织液渗出，病果逐渐失水后菌丝体颜色会加深，最后在果面形成黑色子实体。

另外，软腐病在叶片和枝蔓上也能感染。叶片染病多从叶缘开始，初期为褐色半圆形病斑，后期逐渐向整个叶缘及叶片中心扩展。病斑褐色至深褐色，发病后期引起叶片焦枯或脱落。枝蔓染病多发生在长势衰弱的枝蔓上，初期病斑呈浅紫褐色，水渍状，后转为深褐色。湿度大时，病部迅速绕茎横向扩展，深达木质部，皮层组织大块坏死，引起枝蔓萎蔫干枯。后期病斑上产生很多黑色小点（病菌子座）。也有在果实生长后期，特别是遇到干旱时发病严重，导致提前变软落果，严重时落果 50% 以上，而且落果后病状明显，丧失食用价值。

2. 病原菌及发病条件

根据国内外的报道情况，猕猴桃的软腐病主要由葡萄座腔菌和拟莲点霉菌侵染发生，病菌在幼苗期入侵果实后长期潜伏在果实组织中，等到果实成熟或采收才开始缓慢表现症状。温度和湿度是影响软腐病发生的决定性因子。当温度较高、风大、空气湿度较大时，软腐病传播迅速。该病菌发育最适温度为 25℃ 左右，低至 7℃，高至 36℃，均可生长。子囊孢子释放需要靠雨水，雨后 1h 开始释放，雨后 2h 可达高峰期。冬季受冻，排水不良，挂果多树势弱，枝蔓瘦小、肥水不足的果园发病较重，枝条死亡多。

3. 发生规律

猕猴桃软腐病病菌以菌丝体、分生孢子及子囊壳在枯枝、果梗上越冬。越冬后的菌丝体、分生孢子器第二年春天恢复活动，4月~6月间生成孢子，成为初侵染源。雨水是侵染的主要媒介。5月~7月孢子散发较多，病菌孢子传播范围一般不超过10m，但有大风时，能传到更远的地方。分生孢子在清水中易萌发，从皮孔侵入24h即可完成侵染，易于侵染幼果，随后可陆续侵染直至采收期。叶片与枝蔓的侵染多从伤口或自然孔口侵入。病菌侵入后，菌丝在果皮附近组织内潜伏，果实未成熟，菌丝发育受到限制，外表不显现症状。但菌丝体在果实组织内不断扩展蔓延，此后，症状陆续呈现。收获前一旦发病，就产生落果；贮藏中发病，就会产生乙烯而对其它果实的贮藏造成不良影响；贮藏果出库后熟时发病，会造成局部软化，影响食用。该病菌是影响猕猴桃贮藏性的主要病害，一般冷库贮藏主要在贮期60d内发病，超过60d很少发生。

4. 防治方法

（1）农业防治

新建园选择土层深厚、土壤肥沃、排水良好、通风向阳的地方建园；增施肥料，改良土壤，促使树势生长健壮，养分向果实转移，提高树体和果实抗病力；做好冬季清园，冬剪后的枝条、枯枝、果梗等要集中烧毁。

（2）物理防治

在6月~7月，对果实进行套袋，能起到明显的抑制发病效果；果实采收入库前严格挑选；对冷藏果冷藏至30d和60d左右分别进行两次挑拣，剔除伤、病果，可大大减轻贮藏期软腐病大发生。

（3）化学防治

可在春季萌芽前与其他病害一起防治，可喷施3~5波美度的石硫合剂。4月树体萌芽后、5月~8月谢花后两周至果实膨大期喷80%甲基硫菌灵可湿性粉剂1000倍液、或25%多菌灵可湿性粉剂500倍液、或50%退菌特500倍液、或50%扑海因可湿性粉剂1500倍液，在果园交替进行喷雾防治。根据天气情况，雨前和雨后适时开展防治，保证喷药后4h不下雨。采前7d~14d喷洒80%甲基硫菌灵可湿性粉剂1000倍液、或采用1000ppm扑海因浸果1min，风干后贮藏、或用3.5%噻菌灵烟剂，按100kg鲜果100g制药的药量熏蒸。

第十三章 枝、蔓害虫综合防治技术

第一节 桑白蚧

桑白蚧又叫桑盾蚧、树虱子，该虫以雌成虫和若虫群集固定在枝条和树干上吸食汁液为害。枝条和树干被为害后树势衰弱，严重时枝条干枯死亡，一旦发生，如果不及时采用有效措施进行防治，3~5年内将会造成全园被毁。

图13-1 桑白蚧示意图

介壳虫的种类包括很多，比如桑盾蚧、考氏白盾蚧、长白蚧、梨白蚧、椰圆蚧、蛇眼蚧、草履蚧、柿长绵粉蚧、龟蜡蚧、红蜡蚧等，它们分属同翅目多个蚧科，而危害猕猴桃的主要是桑盾蚧，又名桑白蚧、桑白盾蚧。

一、介壳虫危害猕猴桃主要表现特点

介壳虫危害猕猴桃，主要是以成虫、若虫群集刺吸猕猴桃枝干和果实的汁液。当虫害发生严重时会遍布所有枝干，层层叠叠密密麻麻，有恐惧症的人都看不下去那种，并且会使树势衰弱，甚至引起枝干干枯死亡，被害果实严重失去商品价值。

图 13-2　危害猕猴桃枝干的介壳虫密密麻麻

二、危害猕猴桃介壳虫的生活习性

介壳虫 1 年发生世代数因地而异。长江流域及其以南地区发生 3~5 代，黄河流域 2~3 代，在年平均气温 16.9℃的四川苍溪地区发生 3 代，以受精雌虫在枝干上越冬。

越冬雌虫于 4 月上旬开始取食，4 月下旬开始产卵于介壳下，5 月上、中旬孵化，孵化量大且较整齐，是全年防治的关键时期。第 1 代若虫盛孵于 7 月份，第 2 代若虫孵化于 9 月中下旬，第 3 代若虫孵化于 10 月中旬。2~3 代孵化有世代重叠现象，11 月份雌成虫进入越冬状态。

图 13-3　介壳虫危害猕猴桃幼树造成死亡

介壳虫雌虫喜群集，雄虫则分散。雌雄交配后，雄虫很快死亡。成虫产卵于介壳下，若虫孵化后，经爬行寻找适当部位固定后一生再不活动（雄成虫除外）。各代若虫皆在枝干上寄生，不寄生叶片，也寄生果实。

雌成虫体条 0.9~1.2mm，淡黄色至橙黄色；介壳灰白至黄褐色，近圆形，长 2~2.5mm，略隆起，有螺旋形纹，壳点黄褐色，偏生一方。

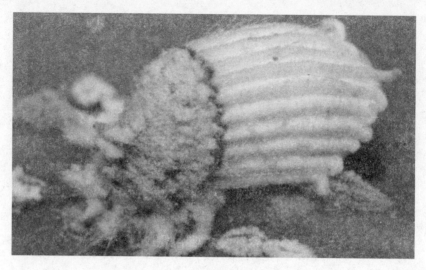

图 13-4　介壳虫雌虫

雄成虫体长 0.6～0.7mm，展翅 1.8mm，橙黄色至橘红色，触角 10 节，念珠状存在，前翅卵形，灰白色，被细毛；后翅为平衡棒，针刺状；雄成虫蚧壳细长，长 1.2～1.5mm，白色，背面有 3 条纵脊，壳点橙黄色，位于前端。

介壳虫卵呈椭圆形，初为粉红色，后变为黄褐色。幼虫初孵为淡黄色，蛹橙黄色。

图 13-5　介壳虫雄虫

三、有效防治方法

1. 加强检疫

介壳虫一般自然传播扩散能力弱，主要靠苗木、穗芽带虫传播，其次以农事操作和昆虫传播。预防要点：加强苗木和穗芽调运过程中的检疫，对防止其远距离传播扩散有重要作用。

2. 人工除虫

剪除虫枝：结合修剪，剪掉虫枝蔓，集中烧毁处理。

人工抹杀：对危害严重的树干，在树体休眠期用粗麻布或稻草擦掉蚧壳，再刷涂5波美度石硫合剂，或喷50%敌敌畏乳油200倍液，在虫量少时用排笔在若虫孵化期涂抹，可彻底防治。

图 13-6　猕猴桃打药防治病虫害

3. 药剂防治

药剂防治时期应掌握各代介壳虫孵化盛期。常用药剂有，5月份喷乐蚧松1000倍，或58%风雷激800倍液，或用40%毒死碑1000倍液，7月份以后喷用植物源农药4%果圣1200倍液。虫害严重的园隔10天喷一次，连续喷2次。在幼、若介虫发生盛期，喷25%扑虱灵粉剂1500～2000倍液，药后5天即显效果。

介壳虫种类众多，在防治时应结合多种药剂进行更换使用，以免害虫出现药体抗性。其次介壳虫对于猕猴桃的危害算是较为严重的一种，伤害果实都算是其次的，重要的是会危害枝条，枝条不健康就会影响次年的生长与产量，所以在发现后应该尽量保护好枝条不受害。

第二节　斑衣蜡蝉

斑衣蜡蝉属同翅目蜡蝉科，是猕猴桃上的主要害虫之一。以成虫和若虫吸食猕猴桃茎、叶汁液为害，被害叶片开始出现针眼大小的黄色斑点，不久变成黑褐色、多角形坏死斑，后穿孔，数个孔连在一起成破裂叶片，有时被害叶向背面卷曲。斑衣蜡蝉的排泄物似蜜露，常招致蜂、蝇和霉菌寄生。霉菌寄生后，枝条变为黑褐色，树皮枯裂，严重时树体死亡。

图 13-7　斑衣蜡蝉

一、"斑衣蜡蝉"对红心猕猴桃树木的影响

猕猴桃害虫斑衣蜡蝉（俗名叫花大姐、花姑娘、花媳妇、春媳妇等）以成虫、若虫危害果树，主要刺吸猕猴桃的嫩叶，嫩枝干的汁液，它排泄出的粪便可造成叶面、果面污染，它的危害可造成树体衰弱、树皮枯裂、甚至树体死亡。

图 13-8

斑衣蜡蝉一般成虫体长 14~15mm，翅展 40~55mm，体小，短而宽，全体有白色蜡粉，前翅基部 2/3 为淡灰褐色，有黑点，端部 1/3 为黑色，后翅臀区 1/3 鲜红色，中部白色，有 7~8 个黑点，端部黑色并有蓝色纵纹，头呈三角形向上翘起。卵长圆形，长 2.5mm，排列成行，数行成块，外被初为乳白色，后为浅灰色的胶状分泌物。若虫体扁平，初龄黑色有自点，末龄红色有黑斑。

每年发生 1 代。以卵在枝蔓、树干、枝杈和架材中越冬。4 月中旬孵化。若虫吸食幼嫩枝梢、叶片汁液，蜕皮 4 次。6 月中下旬羽化为成虫，刺吸为害。8 月中下旬交尾产卵，

10月下旬成虫死亡，寿命为4个月左右。若虫能排泄粘液污染叶、果及枝干。若虫和成虫均有蹦跳和群集习性。

二、猕猴桃斑衣蜡蝉发病规律

一年发生一代，以卵越冬，次年4-5月份孵化为幼虫，蜕皮后变为若虫，为黑褐色或淡黑色，若虫常群集在果树的幼枝和嫩叶背面取食为害，若虫期约40天左右，经过四次蜕皮为成虫。成虫和若虫后腿强劲发达，跳跃自如，爬行较快，可加速躲避人的捕捉。7-8月份危害果树为高峰期，雌雄虫交尾后，雌虫多将卵块产在树干与枝条分叉的背阴下面，卵块表面外附一层粉状蜡质保护膜。

斑衣蜡蝉在兰州地区一年发生1代，并喜欢炎热干燥的气候条件。卵在树干或树皮缝隙越冬。翌年4月底陆续开始孵化，5月为盛孵期，幼虫经过4次的蜕皮过程，大概在6月份就陆续羽化为成虫，直到7月全部羽化为成虫。成虫在8月初进行交配产卵大约需要2个月，成虫寿命大约3~4个月，以致于为害的时间可长达5~6个月。成虫产卵一般在枝干树体的阳面，经观察，兰州臭椿树上卵的孵化率很高，一般为70%~80%，而在其它树种上卵的孵化率很低，只有1%~2%。刚孵化的若虫体色白而柔软，经过20~30min渐渐变为褐色并掺杂白色的斑点，体壁开始变硬伴随取食，老龄幼虫蜕皮时体色为淡红色之后变为褐色掺杂白色斑点，刚羽化的成虫翅膀很小，之后慢慢展开，翅色也是由淡变深，斑衣蜡蝉具有群集性，经常以十至数百头在树枝树权上栖息，一般叶柄基部更多。当受到外物撞击或者惊扰，就会将身体侧移并立即跳跃，成虫具有善跳特点，一般跳跃能力为1m左右，最多跳跃2~3m，具有假死现象。口器为刺吸式，在取食期间刺入植物组织内很深，导致植物伤口流出液体使嫩梢萎缩。斑衣蜡蝉排泄物比较透明称为蜜露，很容易引来蜜蜂和苍蝇等飞虫来舔吸，这样导致树体煤污病的发生使树体变弱。

此虫发生的严重程度与环境气候条件有密切的关系，如在雨季时节由于湿度大、气温低、斑衣蜡蝉存活率会大大降低，因而在冬季来临之际产卵量很低，虫口密度很低能有效降低翌年的发生率。反之，如果在干旱雨少的气候里会造成翌年成灾的现象。

三、防治方法

1. 物理防治

结合修剪剪去产卵枝，集中烧毁，以减少虫源，此方法既经济又彻底；在越冬产卵之前，涂刷白剂；在夏季成虫盛期进行灯光诱杀；斑衣蜡蝉以臭椿为原寄主，在为害严重纯林区，应改种其它树种或营造混交林，保持林地卫生，以减轻其为害。加强庭院绿地的管理，勤除草、及时清除林内风倒木、枯立木，砍伐受害木（病株），减少虫害为害。冬季刮除树干上的卵块，并进行集中烧毁，在树干基部可以将虫卵用小锤直接捶打，树体上部可用高杆的刮树刀或者用刷子进行树体刷治，将虫卵清除。

2. 化学防治

选用 20% 磷胺乳油 1000～2000 倍液、50% 久效磷水溶剂 2000～3000 倍、50% 乐果乳（油 1000～2000 倍液喷雾，将树体全面喷洒农药防治。5 月中下旬，在若虫孵化盛期，叶面喷施 2.5%（质量分数）高效氯氟氰菊酯 1000 倍液或 40% 氧化乐果乳油 2000 倍液、50% 马拉松 1000 倍液、80% 敌敌畏乳油 1200 倍液，效果显著。

3. 生物防治

斑衣蜡蝉在园林植物中属于重要害虫之一，主要是依赖吸取臭椿汁液存活。其天敌是舞毒蛾卵平腹小蜂和若虫的寄生蜂等，保护利用天敌对其卵、若虫进行灭杀是有效的生物防治方法。

4. 全面做好有害生物检疫工作

遵循"预防为主，科学防控，依法治理，促进健康"的防治方针，在植物检疫工作中努力遵循"既不引祸入境，又不染灾与人"的原则，做好植物检疫工作及时提出有效的预防和防治预案，从根本上遏制虫害的传播蔓延。

第十四章　叶部害虫综合防治技术

第一节　金龟子类

金龟子是鞘翅目金龟子科昆虫的统称。幼虫称蛴螬，俗称土蚕、地蚕，老熟幼虫在地下作茧化蛹。金龟子生活史较长，除成虫有部分时间出土外，其他虫态均在地下生活，以幼虫和成虫越冬。金龟子为完全变态。

图 14-1　金龟子示意图

一、识别及其危害

危害猕猴桃金龟子有多种，蒲江县主要有铜绿丽金龟、小绿金龟。金龟子成虫壳坚硬，表面光滑，有光泽。多在傍晚和夜间活动，有趋光性。受惊后落地，有假死性。蛴螬体白，长 3～5cm，头黄棕色，身体常弯曲，背上多横纹，尾部有刺毛。主要危害猕猴桃根部，啃食金果猕猴桃的根皮和嫩根。成虫啃食叶片、花蕾、花器、幼果、嫩枝，造成不规则的缺刻和孔洞。金龟子是危害猕猴桃的主要害虫之一。

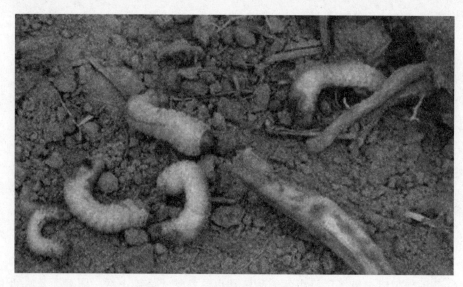

图 14-2

二、发生规律

大多数金龟子一年1代，少数2年1代。1年1代的以幼虫在土壤内越冬，2年1代的幼虫、成虫交替入土越冬。一般春末夏初出土危害地上部。成虫羽化出土迟早与春末夏初温湿度的变化关系密切。雨量充沛则出土早，盛发期提前。一生多次交尾，入土前产卵，散于寄主根际附近土壤内。7~8月幼虫孵化，冬季来临前，以2、3龄幼虫或成虫状态，包裹在球形的土窝中越冬。

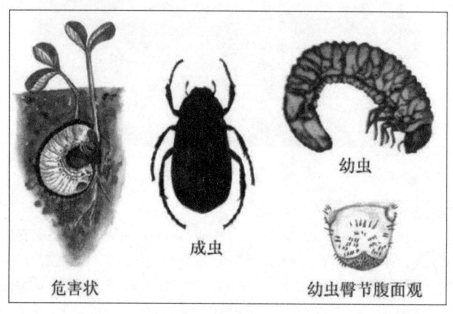

危害状　　　　　成虫　　　　　幼虫

幼虫臀节腹面观

图 14-3

三、防治技术

1.农业防治措施

（1）栽植前蛴螬较多的地要整地、捡拾虫体。

（2）施入果园的有机肥要充分腐熟。

（3）入冬前深耕、深翻。

（4）利用假死性捕杀成虫。傍晚在树下铺塑料薄膜，摇动树体，金龟子落在塑料薄膜上后迅速收集、捕杀。

2.利用趋性诱杀

（1）利用其趋光性，安装杀虫灯。一个杀虫灯的作用范围为80~100m，有效面积20~30亩。

（2）利用其对糖醋液的趋化性，在果园设置糖醋液盆进行诱杀。糖醋液配方为红糖1份、醋2份、水10份、酒0.4份，敌百虫0.1份。注意下雨时要遮盖。

图14-4

3.化学防治

（1）杨树把诱杀

金龟子喜欢吃杨树叶子。用长约60cm的带叶枝条，从一端捆成约10cm直径的小把，在50%辛硫磷或90%的敌百虫100倍液中浸泡2~3小时，挂在1.5m长的木棍上，于傍晚分散安插在果园周围及果树行间。

图 14-5

（2）花前 2~3 天，用 2.5% 三氟氯氰菊酯乳油 1800 倍或 50% 辛硫磷乳剂 1500~2000 倍或 2.5% 氟氯氰菊酯乳油 2000 倍或 2.5% 溴氰菊酯乳油 2000 倍或 20% 氰戊菊酯乳油 2000 倍液。

（3）成虫出土前用 25% 辛硫磷胶囊悬浮剂 100 倍液处理土壤。

图 14-6 靠近树林的猕猴桃果园，金龟子危害情况更加严重

4. 生物防治

（1）利用苏云金杆菌或者白僵菌灌根或者喷雾。

（2）保护天敌。斑鸠、喜鹊、乌鸦、青蛙、蟾蜍等都是金龟子的天敌。

图 14-7　金龟子总是在夜间出来活动危害猕猴桃，要在夜间出来才能观察到

第二节　叶蝉类

猕猴桃的叶蝉类害虫有桃一点斑叶蝉、双纹斑叶蝉、猩红小绿叶蝉、蔷薇小叶蝉、黑尾叶蝉、褐盾短头叶蝉和褐臀匙头叶蝉等。叶蝉类形体小。有翅，会迁飞。一年发生数代。对植物的为害贯穿于整个生长期。蝉类若虫在 4 月份开始活动，6 月中旬为第一次虫口高峰，8 月下旬为第二次高峰。

以 4~8 月为集中防治期。叶蝉类为刺吸式口器。主要为害叶、嫩梢、花、蕾和幼果。被害部呈现苍白斑点，严重时多斑连片成黄白色失绿斑，最终焦枯死亡脱落。叶蝉类常产卵于叶背主脉中，幼虫孵出后钻出叶脉，留下一条褐色缝隙。虫口基数大时，使叶背破缝累累。

图 14-8　叶蝉

一、猕猴桃叶蝉为害特点

该虫是以成虫若虫吸食果树芽叶和枝梢的汁液为害，叶面受害初期表现为黄白色斑点，逐渐扩展成片，严重时整叶变白且有早落现象，造成树体衰弱，减产。

二、猕猴桃叶蝉形态特征

成虫体长 4.6~4.8mm，外形似蝉。黄绿色或黄白色，可行走，跳跃。头部宽于前胸背板，复眼斜置，较大，喙甚长端部膨大而扁平；雄虫呈红色，雌虫呈黑褐色。小盾片呈三角形，基部褐黄色，端部带有乳白色，两基侧角区各有一黑色三角形斑纹，基部中央亦有一呈三角形或似方形的黑色斑纹，此斑纹的端部具 2 条约呈 "八" 字形的黑线纹，线纹外侧上方有一呈乳白色长形的斑块，其上具一似肾形小黑斑，前翅端前室 3 个，体的腹面及足均为赭色。雄成虫阳茎侧突外缘无小刚毛。

卵长 1.0mm，最宽处 0.3mm，乳白色，长椭圆形，两头较细，顶端稍平，一侧平直，顶部具一白色棉絮状毛束。

若虫共五龄，第 5 龄体长 5.1~5.4mm，头宽 1.6mm，前胸背板宽 1.4mm；前胸背面具淡黄色纵中线，线的两侧各具一个淡黄色小点，中胸背面具呈倒 "八" 字的淡黄色线纹，翅芽达腹部第 3 节；第 1 腹节背面中央具横置的半圆形黑褐色斑，第 2 腹节背面中央具一横置的长方形黑褐色斑，第 3、4 腹节背面中央黄白色，两侧黑褐色，第 5 腹节背面前部黄白色，其余黑褐色，足的腿节、胫节中部及爪为黑褐色，其余为黄白色。常密生短细毛。

三、猕猴桃叶蝉发病规律

该虫一年发生四代，以第四代成虫在冬季绿肥作物和杂草丛中越冬。早春外界环境适宜时越冬成虫开始活动交尾后进行产卵，卵期 7~10 天，若虫期 15~20 天。四月中下旬第一代成虫产卵，一般是将卵产于叶背靠近主脉的叶肉内随主脉呈条状。少量产于侧脉附近的叶肉内，6 月中旬至 7 月中旬发生第二代成虫，成为发生高峰期。

四、猕猴桃叶蝉防治方法

1. 加强果园管理

合理施肥灌水，提高树势，增强树体抗病力。科学修剪，剪除病残枝及茂密枝，调节通风透光，结合修剪清理果园，清除果园内和四周杂草，冬季绿肥及时翻耕回田，减少虫源。

2. 选择抗性品种

栽培，美味猕猴桃如金魁品种较抗病。中华猕猴桃中叶片较厚的"金农一号"，"武植3号"等品种抗病。

3. 化学防治

成虫发生盛期喷布 40% 乐果 1：1200 倍液或 10% 多来宝 1：2500 倍液或喷布 25% 敌杀死 3000 倍液均可。药剂要交替使用。

第三节　叶螨类

一、叶螨的鉴别和防治

螨类属于蛛形纲，蜱螨目，俗称红蜘蛛。种类多，危害广，在日常栽培作物上常见螨类有红蜘蛛、黄蜘蛛、白蜘蛛三种。现从基本信息（分类、危害、寄主）、形态识别、发生规律、抗药性、防治方法等方面来识别与比较。

1. 基本信息

（1）生物学地位：柑橘红蜘蛛学名柑桔全爪螨，柑橘黄蜘蛛学名柑橘始叶螨、柑橘四斑黄蜘蛛，白蜘蛛学名二斑叶螨，三者同属蛛形纲，蜱螨目、叶螨科，天敌有中华草蛉、塔六点蓟马、食螨瓢虫等。

（2）危害：三者以成螨、幼螨、若螨群集叶片、嫩梢、果皮上吸汁危害，引致落叶、落果，尤以叶片受害为重，造成失绿，终致脱落，严重影响树势和产量。红蜘蛛：被害叶面密生灰白色针头大小点，甚者全叶灰白。黄蜘蛛：被害叶片失绿形成大黄斑，叶背凹陷，正面突起，凹陷部常有丝网覆盖。白蜘蛛：为害焦糊状，在叶片正面或枝杈处结一层白色丝绢状的丝网。

（3）寄主：柑橘红蜘蛛和黄蜘蛛主要分布在中国各柑橘产区，白蜘蛛主要危害蔬菜、大豆、花生、高粱、苹果、桃、温室花卉等多种作物和近百种杂草。

2. 形态识别

变态过程为卵 - 幼螨 - 若螨 - 成螨。

（1）成螨：成螨体形大小白蜘蛛 > 红蜘蛛 > 黄蜘蛛，有足 4 对。柑橘红蜘蛛成螨紫红色，背面有 13 对瘤状小突起。黄蜘蛛体近梨形，浅黄白色。白蜘蛛椭圆形，体白色，体背两侧各具 1 块黑色长斑。

（2）卵：三种螨大小均一，有光泽。红蜘蛛呈扁球形，鲜红色，顶部有一垂直的长柄。黄蜘蛛呈圆球形，橙黄色，顶端有一短柄。白蜘蛛呈球形，光滑，初产为乳白色，渐变橙黄色，将孵化时现出红色眼点。

（3）幼螨：红蜘蛛色较淡，有足 3 对。黄蜘蛛幼螨初孵近圆形，淡黄色，春秋季约经 1 天后雌螨背面即可见 4 个黑斑。白蜘蛛幼螨初孵时近圆形，白色，取食后变暗绿色，眼红色。

（4）若螨：三者若螨体形与成螨相似，但体形较小。

3. 发生规律

分布：柑橘红蜘蛛属阳性叶螨，主要分布在树冠外围和上部。黄蜘蛛不喜强光，多在叶背栖息，树冠的下部和内膛较顶部和外围受害重，树冠的的东北面较西南面受害重。白蜘蛛主要集中在下部老叶上，叶正面多于叶背。

危害时期：柑橘红蜘蛛一年有 2 个发生高峰期，春梢期 4~6 月和秋梢期 9~11 月。黄蜘蛛较红蜘蛛早发生 10~15 天，在春芽萌发至开花前后（3~4 月）是危害盛期，如此时低温少雨危害严重。白蜘蛛发生时期主要是 5~7 月份。

发生条件：柑橘红蜘蛛、黄蜘蛛以卵或成螨在柑橘叶背面或枝条芽缝中越冬，柑橘红蜘蛛在气温 12~26℃时发生，20℃左右时最适。最适相对湿度在 70% 左右；黄蜘蛛发生温度略低，12~22℃时发生，最适温度 15℃，低湿；白蜘蛛发生的条件是高温干旱，适温 29~37℃，相对湿度 35~55%。

发生代数：三种螨的发生代数主要受温度的影响，世代重叠且繁殖能力极强。柑橘红蜘蛛在 25℃时，完成一代需 16 天，在广西一年发生 15-20 代之间。黄蜘蛛在 23.5~35.4℃ 时完成一代需 23.2 天，在广西年发生 12~16 代。白蜘蛛在 25℃下发生一代需 11.04 天，在南方发生 20 代以上，在北方 12~15 代。

4. 抗药性规律

白蜘蛛抗药性 > 柑橘黄蜘蛛抗药性 > 柑橘红蜘蛛抗药性。

（1）果农由于用药不当和防治技术不到位，常导致红蜘蛛再猖獗，给柑橘生产带来严重的影响，当前柑橘区红蜘蛛普遍发生，抗药性属中等偏重。

（2）柑橘黄蜘蛛主要发生于早春季节，且抗药性较大，防治相对困难。

（3）白蜘蛛具有很高的抗药性，对一些常用杀螨剂如哒螨灵、甲氰菊酯等具有很强的抗性，防效低于 70%。与其它叶螨相比其对哒螨酮的致死剂量要高 144 倍，近年来发现，该螨对一些新的杀螨剂多次使用后也产生了不同程度的抗性，且用药次数越多，浓度越高，抗性越强。因此药剂防治要困难的多。

5. 综合防治技术措施

三种螨类的防治，应采取改善果园生态环境、加强肥水管理、增强树势、保护利用天敌、科学使用农药等综合防治措施，才能安全、经济、有效地控制发生、危害。

（1）加强栽培管理：加强果园水肥管理：管理粗放的柑桔园，要加强肥水管理，增施有机肥、磷钾肥，增强树势，提高植株的抗虫力；改善水利设施，做到涝能排旱能灌，有条件的果园可安装喷灌系统，提高果园湿度。改善果园生态环境果园四周搞好绿化，并做好果园覆盖，如种植豆类作物或藿香蓟等杂草，改善果园小气候，有利于天敌的活动与繁衍，可有效减轻危害。做好冬季修剪。清园工作，冬季修剪徒长枝、病虫枝、荫蔽枝，集中烧毁，并用石硫合剂或机油乳剂进行清园。

（2）保护利用天敌：对柑橘红蜘蛛控制作用显著，尤其是捕食螨和食螨瓢虫

（3）加强监测，适时喷药防治：当20%的叶片和果实发现有害螨；或用10倍的手提放大镜观察，平均每叶有虫2头，应立即组织喷药。喷药防治时必须先喷树冠的内部，后喷树冠的外围，叶背和果实的阴暗面，应周密喷雾，才能收到较好的防治效果。

二、猕猴桃红蜘蛛危害特点及防治办法

1. 猕猴桃红蜘蛛危害特点

红、白蜘蛛和二斑红蜘蛛三种（都叫螨虫），近年来还有一种黄蜘蛛，果农通称红蜘蛛。猕猴桃红、白蜘蛛体形非常小，主要以吸食器吸食叶片汁液或猕猴桃幼嫩组织，而造成危害。二斑红蜘蛛体小约0.7~1mm，长椭圆形，灰白色，身体有两道黑色斑环而得名。红、白蜘蛛和二斑红蜘蛛均以潜伏在叶子背面（叶片正面也有分布），用刺吸式的口器吸食叶片和幼嫩枝条汁液，受害叶片出现叶缘上卷，叶片褐黄失绿，最后枯黄脱落。摘下叶片仔细观察，叶片背面的叶脉周围有一层细薄网罗，或不规则形的晕圈。危害严重时，叶片焦黄，树势变弱，果实膨大缓慢，形成次果，影响产量。

图14-9 红蜘蛛

2. 猕猴桃红蜘蛛发病规律

猕猴桃红、白蜘蛛和二斑叶螨以及黄蜘蛛，都在土皮下，枯枝落叶中、老树皮中、芽鳞中越冬。红、白、黄蜘蛛每年繁殖代数不清，二斑叶螨每年繁殖12~15代，陕南可发生20代以上，一般的从2月中旬开始活动，6月中、下旬开始发生危害，7月中下旬，高温干旱时为危害的高峰期，到8月下旬~9月初，虫情危害逐渐减退，环境温度低于26℃，

螨虫的繁殖会受到抑制，10月底转入越冬。

3.猕猴桃红蜘蛛防治方法：

防治红蜘蛛的农药，很理想的大致有两大类：一类是以哒螨灵为主要成份的化学杀虫杀螨剂，另一类以阿维菌素为主要成份的生物杀虫杀螨剂。根据虫情可作以下防治：在6月中旬虫情始发期或发生之前，进行第一次喷药。7月上、中旬虫情爆发期进行第二次喷药，8月上旬进行巩固性第三次喷药。药物可采用2000倍的扫螨净，也可使用虫清四号柔水通4000倍或用阿维毒死蜱3000~4000倍柔水通有很好的效果。

猕猴桃红蜘蛛，应以防为主：

（1）加强园内水肥管理，增强树势，提高果树抵抗病虫害的能力。

（2）在猕猴桃萌芽前，全园全株喷施波美型3~5℃石硫合剂或其他代用品，达到病、虫、卵并杀的目的。

（3）在生长期用药时，尽量用进口的功夫、灭扫利等，对红蜘蛛有较强的抑制作用的农药，在6月~8月间连续防2~3次，才能达到防治的目的。

在高温时间用药，宜淡不宜浓，针对虫情，早发现、早防治。用药一定要掌握好剂量，尽量做扎实、细致、周到、均匀，不重喷不漏喷，以免造成不必要的损失和浪费。

三、软枣猕猴桃园截形叶螨的发生与防治

软枣猕猴桃在全国的分布广泛，在东北的资源最为丰富。软枣猕猴桃果实酸甜可口，氨基酸与维生素的含量很高，具有功能食品作用，而根、茎、叶又具有医疗保健功效，因此极具开发利用价值。但随着人们食用鲜果及开发保健品能力的提高，野生果实难以满足益剧增的需求，加上人们以开发利用为名乱采乱挖，造成野生资源的几近枯竭。

目前，软枣猕猴桃的驯化栽培研究已取得成功，现已开始进行产业化生产，在延边大学农学院资源圃内驯化栽培的软枣猕猴桃遭受截形叶螨的严重为害。为防控截形叶螨，笔者通过观察与研究，总结了其为害特点，发生规律，并提出了有效的防治方法，现将结果总结如下。

1.分布与为害

截形叶螨属蛛形纲、螨目、叶螨科。截形叶螨的广泛分布于我国大部分地区，但总体上北方重于南方。目前在延边地区截形叶螨的危害日趋严重，寄主不仅有玉米、茄子、辣椒、番茄、豆类及瓜类等农作物与蔬菜外，还有包括软枣猕猴桃在内的果树、花卉、林木等。仅软枣猕猴桃的被害株率达100，被害叶率达80以上。成螨、若螨和幼螨均能危害，通常在叶背取食危害。截形叶螨刺吸危害软枣猕猴桃叶片后被害部位呈现黄白色到灰白色失绿小斑点，逐渐变为褐色，叶片的正面也逐渐发黄、变褐，严重时褐色斑连成片，最后焦枯、穿孔或脱落，造成终身不可恢复的创伤，严重影响光合作用，导致树势衰弱，造成减产。由于截形叶螨体形小，且在叶背危害，常常未能及早发现，当发现时危害已经相当

严重，应引起高度重视。

2. 发生规律

截形叶螨在吉林省1年发生约6~8代。以受精的雌成螨在树干的皮缝、枯枝落叶或土缝中越冬。翌年4月中旬，气温达到10℃以上时越冬螨开始活动，并在越冬场所周边、杂草叶背等相对隐蔽处产卵。在树皮上的卵孵化后，由于软枣猕猴桃尚未发芽，初孵幼螨沿树干向下转移扩散，在地面寻找早春萌生的风花菜、牵牛花、皱叶羊蹄等杂草上繁殖1~2代。在6月中下旬大量截形叶螨迁移至软枣猕猴桃上，7月初开始种群数量上升较快，，7月中旬至8月初是危害的高峰期，8月中旬之后在软枣猕猴桃上的数量呈下降趋势，逐渐向周边的杂草上转移，9月中旬开始陆续进入越冬状态。截形叶螨在软枣猕猴桃上，先危害下部叶片，后逐步向上迁移，在树冠内枝叶间转移主要依靠爬行迁移，靠气流被动转移也较少。当发生严重时，相互拥挤集结成球，并逐渐聚于叶端，借风力传播扩散。雌螨一生只交配1次，但雄螨可交配多次。交配后1~3螨开始产卵。卵散产，多产于叶背面，卵日产5~18粒，一生可产卵100粒左右，自然孵化率在95左右。

3. 发生与环境的关系

（1）气候对叶螨的影响

截形叶螨在高温、干旱的年份发生严重。这是因为高温干旱导致植物相对缺水，使螨类吸食的汁液浓度高，同时高温干旱加快其生长发育速度，有利于种群的增值。而低温多湿的年份发生较轻，特别是发生期的连续阴雨天，由于雨水直接冲刷害螨的同时阴雨天气容易诱发霉病的发生与流行，致其死亡。

（2）天敌对叶螨的控制作用

在自然条件下，害螨的天敌具有种类多，捕食量大，自然控制明显等优点。在延边地区截形叶螨的天敌有捕食螨、瓢虫、草蛉及塔六点蓟马等，这些天敌对害螨种群的消长起着重要作用。研究表明，塔六点蓟马是东亚地区主要的捕食性蓟马，是非常有潜力的害螨自然控制因子，通过田间设置间作等措施可增加塔六点蓟马的种群数量，可提高控制作用。如能很好地保护和利用天敌，可减轻为害。

（3）农药的干扰作用

很多研究证明，农药的不合理使用会引起叶螨的猖獗发生和危害。有机磷等广谱性杀虫剂的长期、大量、频繁使用，不仅严重伤害螨类的天敌，还破坏生态平衡，促使害螨产生抗药性，有时还产生交互抗性，使害螨的防治变得越来越困难。

4. 综合治理

（1）指导思想落实"预防为主，综合防治"的植保方针，充分利用各种行之有效的防治方法。

（2）防治适期在软枣猕猴桃上应从6月中旬开始注意观察，由于7月中旬至8月初是危害的高峰期，因此，7月初在其数量猛增的初期应及时采取各种防治措施，控制和减轻其危害。

（3）防治方法

1）农业防治

首先要选育和推广抗螨品种，从源头上控制和减轻害螨的危害；其次是加强栽培管理措施，采取收后的秋翻和播前的春翻等方法，通过破坏越冬环境或清除地面杂草使卵孵化后幼螨因找不到食物而死亡；再次为加强水肥管理，通过灌水、喷水及增施磷肥与钾肥等措施，造成对截形叶螨不利的环境条件，能够直接消灭部分害螨。

2）生物防治

要尽量减少和限制化学农药的用量和次数，并调整和改变施药方式，选用对天敌相对安全的农药。在软枣猕猴桃园行间适当间种大豆、苜蓿等其他植物，改善生态环境，为天敌提供活动和栖息场所。在延吉市软枣猕猴桃园的调查发现，在天敌中塔六点蓟马的数量最多，为优势种，对截形叶螨的捕食量较大，今后应开展对塔六点蓟马的人工饲养和繁育研究，用于截形叶螨的生物防治。

第四节　斜纹夜蛾

近年来，随着猕猴桃人工栽植面积的不断扩大，猕猴桃果实受枯叶夜蛾为害越来越严重，产量连年下降，并严重影响果实品质。为控制枯叶夜蛾的为害，保护猕猴桃产业。

图 14-10　斜纹夜蛾

一、斜纹夜蛾的形态特征与生活习性

枯叶夜蛾，属鳞翅目，夜蛾科，是泰顺县为害猕猴桃果实的所有吸果夜蛾中数量最多、为害期最长、为害最严重的一种吸果夜蛾。当猕猴桃果实近成熟期，枯叶夜蛾成虫用口器刺破果皮而吮吸果汁。刺孔甚小，难以察觉，约一周后，刺孔处果皮变黄、凹陷并流出胶液，其后伤口附近软腐，造成果实局部软化，并逐渐扩大为椭圆形水渍状斑块，造成落果或整果腐烂。

1. 形态特征

成虫：中大型，体长 35～38mm，翅展 96～106mm，头胸部棕色，腹部杏黄色。触角丝状。前翅枯叶色（深棕微绿），顶角很尖，外缘弧形内斜，后缘中部内凹；从顶角至后缘凹陷处有 1 条黑褐色斜线；内线黑褐色；翅脉上有许多黑褐色小点；翅基部和中央有暗绿色圆纹。后翅杏黄色，有明显的黑色阔旋纹，中部有一肾形黑斑，其前端至 M2 脉；亚端区有一牛角形黑纹。停息时似枯叶状。

卵：扁球形，直径 1～1.1mm，高 0.85～0.9mm，顶部与底部均较平，乳白色。幼虫：体长 57～71mm，前端较尖，第 1、2 腹节常弯曲，第 8 腹节有隆起把第 7～10 腹节连成一个峰状。头红褐色，无花纹。体黄褐或灰褐色，背线、亚背线、气门线、亚腹线及腹线均暗褐色。第 2、3 腹节亚背面各有 1 个眼形斑，中间黑色并具有月牙形白纹，其外围黄白色并绕有黑色圈。各体节布有许多不规则的白纹。第 6 腹节亚背线与亚腹线间有一块不规则的白斑，其上有许多黄褐色圆圈和斑点。胸足外侧黑褐色，基部较淡，内侧有白斑。腹足黄褐色，趾钩单序中带，第 1 对腹足很小，第 2～4 对腹足及臀足趾钩均在 40 个以上。气门长卵形，黑色，第 8 腹节气门比第 7 节稍大。

蛹：长 31～32mm，红褐至黑褐色。头顶中央略呈一尖突。头胸部背腹面有许多较粗而规则的皱褶；腹部背面较光滑，刻点浅而稀。

2. 生活习性

在浙江泰顺一年发生 2～3 代，以成虫越冬。第一代成虫 6~8 月出现，第二代成虫 8~10 月出现，越冬代成虫 9 月至翌年 5 月可见。成虫昼伏夜出，有趋光性，喜为害香甜味浓的果实。成虫寿命较长，产卵于幼幼寄主茎和叶背。幼虫吐丝缀叶潜于其中为害，6~7 月发生较多，老熟后缀叶结薄茧化蛹。秋末多以成虫越冬。成虫白天栖息在灌木、草丛中，夜晚飞出觅食，为害多种果树。为害猕猴桃的是第二代和越冬代成虫。

（三）斜纹夜蛾对猕猴桃叶子的危害

在猕猴桃果实生长的最后阶段，叶子有多重要想必大家都清楚，笔者就不在此赘述了，我们直接来了解一下这只可恶的虫子。此虫名为斜纹夜蛾，鳞翅目夜蛾科斜纹夜蛾属，全国各地都有分布，是一种杂食性和暴食性害虫，危害的作物相当广泛，取食甘薯、大豆、十字花科、茄科等蔬菜近 300 种植物的叶片，间歇性猖獗为害。

图 14-11

　　比起猕猴桃叶片，显然斜纹夜蛾对蔬菜幼嫩的叶片更感兴趣，尤其是红薯叶、大豆叶，但是这虫太能吃了，而且能爬行，很快就会转移到猕猴桃树上。因此，猕猴桃地块的路边，最好不要栽种红薯、大豆等作物，以免吸引斜纹夜蛾的雌成虫在上面产卵。斜纹夜蛾属于变态发育类昆虫，一生会经历 4 个阶段，卵期、幼虫期、蛹期和成虫期。卵期初产时卵块外覆盖黄白色鳞毛，看不见卵粒，实际上里边有上百粒卵粒。

　　随着卵粒孵化，能看见里边黄色的半球形卵粒。如图 4-12 所示。

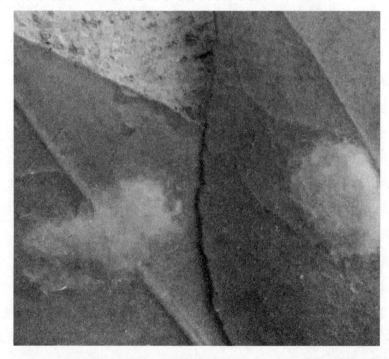

图 14-12

卵粒逐渐变为紫黑色，斜纹夜蛾一龄幼虫孵化，开始向周围转移。

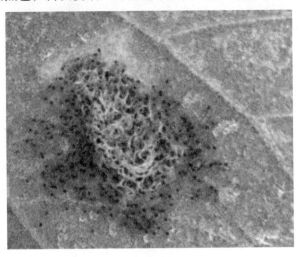

图 14-13

幼虫期幼虫体表颜色灰绿色、黄褐色至灰黑色都有，头部黑褐色，冬节有近似三角形的半月黑斑一对，背部三根金黄色的线条，是斜纹夜蛾的标志性特征；左右 2 根线条向内分布黑色倒三角形斑。

图 14-14

图 14-15

　　斜纹夜蛾幼虫共 6 龄（蜕 1 次皮增加 1 龄），一般看体型大小鉴别，体型越大虫龄越大。初龄幼虫啃食叶片下表皮及叶肉，仅留上表皮呈透明斑；4 龄以后进入暴食期，白天躲在叶下土表处，傍晚后爬到植株上大面积啃食叶片，造成叶片缺刻、空洞，严重的仅留下主叶脉。蛹期斜纹夜蛾的六龄幼虫一般钻入土里化蛹，蛹长卵形，红褐褐色，腹末具有一对发达的臀棘。

图 14-16

　　成虫成虫体暗褐色，胸部背面有白色丛毛，前翅灰褐色，花纹多，内横线和外横线白色、呈波浪状、中间有明显的白色斜阔带纹，故称为"斜纹夜蛾"。

图 14-17

防治措施斜纹夜蛾主要以幼虫为害，幼虫食性杂，且食量大，防治要在幼虫 3 龄以前，此阶段幼虫破坏力不强，对作物尚未造成较大的危害，而且此时幼虫抗药性弱，容易被药物毒杀。

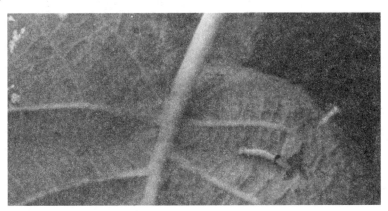

图 14-18　中虫态大概在 3 龄

五、防治技术

枯叶夜蛾成虫白天潜伏在石缝或灌木杂草丛中，黄昏时陆续飞出为害，约在日落后两小时左右，特别是天气闷热、无风雨并有月光的夜晚出现最多，直到黎明时止。为控制枯叶夜蛾成虫为害猕猴桃果实，我们设计了多种防治技术方案进行试验。

1. 果实套袋

猕猴桃果实几乎都挂在棚架下，在果实接近成熟期或幼果期进行套袋，是防止枯叶夜蛾（包括其他吸果夜蛾类）为害效果最好的一种措施。该方法简便易行。但猕猴桃产量高、果实数量大，套袋比较费工。

2. 人工捕捉

在实际操作中，几乎所有种类的吸果夜蛾只要不直接触动它，一般不会受惊逃逸，而且猕猴桃都是棚架栽培，果实都长在同一高度，很容易发现"目标"，用捕虫网或徒手捕捉都很容易。因此，人工捕捉是防治吸果夜蛾比较可行和有效的方法。

图 14-19　灯光诱杀成虫

3. 糖醋液、烂果汁诱杀成虫

一般采取糖 5%～8% 和醋 1% 的水溶液，加 0.2% 氟化钠或其他农药；或用烂果汁加少许酒、醋代用。我们用红糖、食醋、猕猴桃果肉、水按 8∶1∶7∶85 的比例混合，盛于塑料小盆中挂在果园与果实等高处进行诱杀，一晚上最多时只诱到枯叶夜蛾 2 头，诱杀效果不够理想。

4. 用小叶桉油驱避成虫

方法是用 7cm×8cm 的草纸片浸油，挂在树上，每棵树挂 1 片，夜间挂上，白天收回，第二天再加油。此法有一定驱避效果。

5. 药剂防治

常年发生严重时，在果园周围及果园内的杂草上喷药防治幼虫，常用的杀虫剂有 90% 敌百虫 1000 倍液、80% 敌敌畏乳油 1000 倍液、40% 乐果乳油 1000 倍液、20% 甲氰菊酯乳油 2000 倍液及 20% 杀灭菊酯乳油 2000 倍液等，都有较好的防治效果。

第十五章　猕猴桃果实虫害

第一节　苹小卷叶蛾

一、苹小卷叶蛾的症状

苹小卷叶蛾又名小黄卷叶蛾，幼虫俗称"舔皮虫"，属鳞翅目，卷叶蛾科害虫，它不仅会危害猕猴桃，还对苹果、桃树、梨树等造成一定的危害，但都是以危害幼果为主。所以，为了有效控制虫害带来的危害，拯救果树提高生产，有必要进行虫害的研究预防。

1. 苹小卷叶蛾有哪些危害特点

苹小卷叶蛾是危害猕猴桃果实最普遍、最严重的害虫。若不及时防治，果实被害率可达 80% 以上，被害的幼果长大后都是畸形、丑陋的果实，很难销售出去，给猕猴桃生产造成极大危害。

图 15-2　苹小卷叶蛾危害果的猕猴桃

危害方式：苹小卷叶蛾主要是以幼虫在幼果上以舔皮方式进行危害。主要危害果实，其次危害花蕾、幼芽和叶片。可见其不仅危害寄主多，而且危害部位也挺多的，如不防治后果不堪设想。

2. 苹小卷叶蛾具有怎样的生活习性

在年平均气温 16.9℃的苍溪，苹小卷叶蛾 1 年发生 3～4 代，以幼虫或结小白茧潜藏在树干老树皮缝、翘皮、剪锯口四周死皮等处越冬。

翌年 3 月上中旬猕猴桃开始发芽时，幼虫出蛰危害幼芽和幼叶，并吐丝连缀幼叶使之不能伸展，但危害很轻，对花蕾和叶片不会造成明显的危害。

图 15-3

4 月上中旬化蛹，4 月下旬至 5 月上旬成虫开始出现（为第一代），并开始产卵，幼虫孵化在 5 月中旬，谢花后 20 天左右开始危害幼果。后期（6～9 月份）各代发生不明显，无多大危害性。

图 15-4

成虫昼伏夜出，具有趋光性和趋化性。卵多产于叶背上，单雌产卵 3~5 块，每块数十粒卵排列成鱼鳞状。

幼虫非常活跃，有转叶危害习性；特别是振动幼虫则剧烈扭动，身体从卷叶中或果面上脱出，吐丝下垂。幼虫老熟后，多需转叶，然后在卷叶中化蛹。幼虫危害幼果时，都在果挨果、果挨叶的荫蔽之间危害，且仅危害果皮。

图 15-5

二、苹小卷叶蛾的防治

1. 农业防治

在冬季对枝干刮除翘壳，消灭越冬幼虫及蛹：冬季彻底刮除剪锯口周围和枝干上的粗皮、翘壳并集中处理，减少翌年虫源基数。

人工摘除虫卵：4月上、中旬开始查找清除叶背上的卵块。

潜所诱杀：利用幼虫在树干翘皮裂缝中越冬习性，越冬前在枝干上绑草诱集，在春季幼虫出垫前取下草烧毁。

疏果疏叶：谢花后10天疏果、疏叶，尽量避免果挨果、果挨叶，减少幼虫危害场所；

果实套袋：在幼虫集中上果危害之前用单层黄色纸袋进行套袋，在套袋之前必须喷一次90%晶体敌百虫800～1000倍，随喷药随套袋，但必须待果面药水干后再套。

图 15-6

2. 物理及化学防治

利用黑光灯及性诱剂在各代成虫发生期（4月下旬开始）进行诱杀。或者利用糖醋液诱杀成虫。糖醋液配制方法是：红糖0.5kg、醋1kg、水1L，加少许白酒；或用果醋1kg、水1L，加少许红糖。每亩放置3～4盆，每隔1～2天拣出死虫，并及时补加糖醋液。

利用性外激素引诱雌、雄成虫活性，使雄成虫找不到性外激素发源地而迷向，从而使雌雄虫交配受到干扰，进而起到防治作用。在4月下旬在田间按每亩挂放2～4个诱芯性外激素，含量为500微克的性外激素诱芯，性外激素有效期30天，有效诱捕距离150m左右。

3. 药剂防治

药剂防治苹小卷叶蛾的关键时期，是越冬幼虫在3月上中旬开始活动时及第一代幼虫上果危害之前，主要是喷杀发生整齐的第一代幼虫。

此阶段常用药剂有，90%晶体敌百虫800～1000倍液，或50%杀螟硫磷乳油1000～1500倍液，或58%风雷激乳油800倍液；在果实膨大期以后喷植物源农药2.5%鱼藤酮乳油1000倍液喷雾，或微生物源农药苏云金杆菌100亿孢子/mLBt乳剂500～1000

倍；冬季修剪后喷一次3~5波美度石硫合剂，杀灭部分越冬幼虫。

第二节 蟋蟀

猕猴桃是陕西周至的支柱产业，栽植面积2万hm²，年产量25万t。近年来，在猕猴桃果实即将成熟时，蟋蟀（图15-7）危害愈来愈重，尤以2010年最重。该虫咬食猕猴桃果实造成伤口并引起大量落果，已成为猕猴桃生产上的主要害虫之一。据调查，全县平均虫园率80％，平均虫株率60％，平均虫果率3.5％，严重园虫果率达到26％。

图15-7 蟋蟀

一、发生规律与为害特点

1. 发生规律

猕猴桃果实的蟋蟀俗称"蛐蛐"，属于昆虫纲直翅目蟋蟀科。1年发生1代，以卵在土壤中越冬；翌年5月中下旬孵化为若虫出土。若虫6龄，经6次脱皮，8月下旬到9月上旬进入成虫羽化盛期；9月下旬至10月份产卵于1~2em深的土层中。成虫、若虫常栖息在砖瓦下、草地、农田或果园中，白天隐蔽，夜间活动取食。成虫具有趋光性。前期的若虫不构成危害，危害猕猴桃果实的蟋蟀主要是羽化盛期至产卵期的成虫。

2. 为害特点

蟋蟀是杂食性害虫，除危害粮食、蔬菜等农作物外，还可危害果树。在猕猴桃上主要是8月中下旬至9月份为害，其成虫夜间沿猕猴桃主干或下垂枝大量上树，在猕猴桃果实上咬食黄豆粒大的伤口，五六天后，伤口处因受到病菌侵染而软化，果实提早脱落。蟋蟀成、若虫常聚集在落果上取食果肉，最后使果实成一空瓢。在调查中我们发现，蟋蟀咬食的猕猴桃果实80％以上都是商品性很好的一级优质果，因此造成的经济损失比较大。

二、重发原因

（1）果园杂草较多。2010年7月中旬以来持续连阴雨天气，果农未能有效防除猕猴桃园杂草，使园内杂草生长量过大，为蟋蟀创造了良好的繁衍条件。

（2）靠近或间作玉米等禾谷类作物。由于玉米生产后期较少进行病虫害防治工作，尤其是2010年玉米田等禾谷类作物杂草生长量大，蟋蟀发生较往年严重，进而影响到了猕猴桃园。

（3）不重视夏剪，果园过于郁蔽。不重视猕猴桃生长期夏剪，导致果园过于郁蔽，通风透光不畅，且垂地枝较多，蟋蟀很容易沿垂地枝上树。

（4）防治工作不到位。不重视防治，或只重视前期防治小薪甲、椿象、斑衣蜡蝉、红蜘蛛等害虫，而忽视猕猴桃后期蟋蟀等害虫的防治工作。蟋蟀活动范围大，群众只重视杀死地里原有的蟋蟀，却不能有效杜绝其他地方的蟋蟀再次来袭。目前防治使用的大多数农药持效期短，群众未能连续用药，导致防治效果不好。

（5）未实施果实套袋。果实套袋可有效控制病虫害，尤其对蟋蟀特别有效。调查发现，海沃德、华优、红阳、翠香等品种实施果实套袋，蟋蟀发生危害较轻；而秦美等品种没有实施果实套袋，蟋蟀发生危害明显较重。

三、综合防治措施

1. 农业措施

（1）蟋蟀一般将卵产于1~2 cm深的土层中，结合冬春季深翻土壤，将卵深埋于10 cm以下的土层中，使其若虫难以孵化出土，可降低蟋蟀等病虫的发生基数。

（2）不要间套或靠近猕猴桃园种植高秆禾谷类作物，如玉米等。

（3）重视夏剪，保证猕猴桃园通风透光良好，无下垂地面的枝条。

（4）人工或使用百草枯、草甘膦等化学除草剂清除果园杂草，破坏蟋蟀的栖息环境。

（5）蟋蟀成虫和若虫白天有明显的隐蔽习性，在园间或地头设置4~5堆5~15 cm厚的草，可大量诱集成虫和若虫，集中捕杀，具有较好的控制效果。

2. 物理措施

利用成虫的趋光性特点，可采用黑光灯等措施诱杀蟋蟀等害虫。果实套袋既可避免病虫危害，又可避免农药及污染物残留，对猕猴桃园蟋蟀有一定的控制作用，提倡采用该措施。

3. 化学措施

（1）毒饵诱杀

蟋蟀成、若虫均喜食炒香的麦麸皮，利用这一特点，可用90％敌百虫晶体0.5kg或

50%辛硫磷 25～40 Ⅱ 11，加水 2.5～5kg，拌于 50 kg 炒香的麦麸皮中。从 8 月中下旬开始，667 Ⅱ1 施用该拌药麦麸皮 5，于傍晚撒施于树冠下周围，每隔 5-7 天撒 1 次，共 3～5次，防治效果可达 95%以上。

（2）全园喷药

可选用 2.5%氯氟氰菊酯乳油 2000 倍液或 40%毒死蜱乳油 1500～2000 倍液喷施，每 7～8 天 1 次，连喷 2～3 次。据试验，采用包抄法施药效果好。即从果园周边开始施药，先形成一隔离圈带，将蟋蟀圈在园里，同时杜绝其他田块的蟋蟀侵入，然后再将中间园块均匀用药。药剂使用陕西上格之路公司生产的 40%马拉，毒死蜱（新拔跳）乳油 800～1000 倍液，对蟋蟀击倒速度快且持效期长，一次施药药效可持续 10～15 天。由于该药剂对蟋蟀有一定的驱避作用，旁边地里的蟋蟀也不会到喷过药的猕猴桃园里为害。

第三节　猕猴桃果实采后成熟生理与保鲜技术

果实成熟类型按是否出现呼吸峰和乙烯峰可分为 2 种类型，即呼吸跃变型果实和非呼吸跃变型果实。猕猴桃果实属呼吸跃变型果实，后熟软化进程随着内源乙烯峰的出现而加快，当果实的呼吸峰和乙烯峰出现后，果实硬度很快下降达到可食状态，从而失去了贮藏性～1。因此，延长猕猴桃果实保鲜时间及贮存品质，是猕猴桃产业发展的重中之重。因此，许多专家学者致力于猕猴桃果实采后成熟生理及保鲜技术的研究，其中 Adams 等和 McDonaldH 报道了猕猴桃果实的乙烯生物合成走蛋氨酸路线，沿 SAM — ACC — ETH 途径进行合成，为猕猴桃果实的采后保鲜奠定了基础，其后的猕猴桃果实采后保鲜研究主要围绕着抑制或减缓乙烯的生物合成，胡为冀等报道了钙离子处理的采后猕猴桃果实，其乙烯峰和呼吸作用受到抑制；潘林娜报道了低温处理可以抑制猕猴桃果实乙烯生成速率，降低果实软化速率；叶听等报道了乙烯类似物 1-MCP 可以抑制采后猕猴桃果实的乙烯释放，延长猕猴桃的货架期；陈昆松等研究发现植物激素 ABA 和 IAA 与乙烯代谢密切相关等。其中陈昆松研究小组的研究是中国现目前做得最好的，它不仅从生理上阐述果实成熟与乙烯代谢的关系，还从分子生物学的角度去阐述了乙烯代谢与果实成熟变化之间的关系。虽然他们的研究为猕猴桃果实采候保鲜提供了理论依据，但不能大规模应用于产业化生产，其主要原因是产业化生产中存在许多不可预料的因素，任何一个因素处理不好，都将影响产业的发展，因此总结他们的研究过程和结果是目前的工作重点，以期使中国的猕猴桃产业发展更加有序可调。

一、采后成熟生理

1. 果实硬度变化

果实硬度通常作为果实收获和保鲜效果是否良好的重要指标，果实硬度及果肉细胞的空间结构与果内不溶性多糖含量和细胞间的不溶性果胶呈正相关，而不溶性多糖主要以淀粉为主。在猕猴桃果实未成熟时，果肉细胞内的淀粉含量很高，随着果实的成熟，不溶性多糖含量开始降解，可溶性糖含量开始上升。

2. 果实风味颜色变化

（1）风味变化

猕猴桃果实的生长发育是一个有机物积累和转化的过程。在果实发育初期，有机物主要以淀粉和有机酸的形式存在，在幼果中有机酸主要是奎宁酸。随着果实的继续发育，细胞中的淀粉含量呈上升趋势，其中果心的淀粉含量高于果肉，但可溶性糖含量很低，低到只有专业仪器才能检测到其含量。随着果实成熟期的到来，果实内淀粉酶、酸性转化酶以及蔗糖磷酸合酶活性增加，不溶性淀粉被水解和转化成可溶性的葡萄糖、果糖和蔗糖。同时果实内的有机酸，如柠檬酸、草酸、奎宁酸等除通过 TCA 循环和糖异生被转化成糖类或被氧化成二氧化碳和水外，还可以被细胞内的 Na^+、K^+、Ca^{2+} 等离子中和，从而改变了果肉的酸碱度和糖酸比。其次在果实的不同成熟阶段，果实芳香物质含量也不同，涂正顺等[1]通过气象色谱和质谱联机分析了'魁蜜'猕猴桃采后硬果期、食用期和过熟期猕猴桃果实的香气成分，发现在硬果期到食用期，果实高级不饱和脂肪酸、$C5 \sim C7$ 醛、烯类、醇等香气物质减少，而高级不饱和脂类、环酮类香气物质增加；在食用期到过熟期，高级饱和脂肪酸已降解，主要特征香气物质法呢醇、香草醛消失，醇类化合物等明显增加。谭皓等、李华等的研究也表明，猕猴桃果实特征香气成分含量随着猕猴桃果实的成熟也会不同，脂类物质的含量呈现出降—升—降的变化，醇类和醛类物质均呈升—降—升的变化。

（2）颜色变化

叶绿素含量是果实采收的重要依据。崔致学和关军峰的研究发现，在猕猴桃果实发育的早期，果肉中的叶绿素含量达 $20 \sim 30g / kg$，但到收获时，其含量下降到 $12 \sim 13g /$，通过进一步的分析发现，叶绿素 a 下降较大，而叶绿素 b 下降较小；在成熟过程中，果实内的叶绿素总含量基本保持不变；在果实软化成熟后，叶绿素含量下降明显，其中又以叶绿素 b 的含量下降最快，而胡萝卜素含量基本保持不变[1]。RuthBen. Arie 等刚报道了猕猴桃果实在 3 个硬果采收期叶绿素总含量变化不明显，但随着果实后熟进程加剧，其含量明显降低，其中以叶绿素 b 下降最快：胡萝卜素含量在第 1 次和第 2 次采收时无明显变化，但在第三次采收时则下降 20%，贮后胡萝卜素含量均下降，但下降速率差异不显著。

3. 乙烯代谢

乙烯是一种最简单也是最重要的植物激素，它在植物体的生长发育方面起着重要的作用，特别是对果实的成熟具有决定性的作用"。有研究表明，猕猴桃为呼吸跃变型果实，其采后果实对乙烯相当敏感，0.1gL／L的超低浓度的外源乙烯就可加速其果实的后熟软化。王贵禧等研究了猕猴桃果实采后成熟与的乙烯代谢的关系，发现刚采收的猕猴桃硬果ACC含量很低且ACC氧化酶无活性，不产生乙烯，但是随着果实的成熟软化，ACC氧化酶活性升高，加速了ACC的合成，促使了乙烯释放速率增大，且出现乙烯高峰。李日太等口的研究也表明采后前期猕猴桃果实的内源乙烯含量、ACC含量和EFE酶活性均很低，但是随着果实的成熟软化，ACS酶活活性和含量首先达到高峰，乙烯释放量和ACO活性同时达到高峰。徐昌杰研究发现，果实成熟对乙烯的响应先于乙烯白催化生成。

4. 果实成熟过程中参与的酶及其活性变化

在猕猴桃果实的采后成熟，是许多酶共同参与的结果，但从酶所参与的代谢过程来分析，主要包含以下几类酶：

（1）参与乙烯生物合成的酶类，催化Met和ATP生成腺苷蛋氨酸（SAM）的腺苷蛋氨酸合成酶（SAMS），催化腺苷蛋氨酸形成1-氨基-1-羧基环丙烷（ACC）的ACC合成酶（ACS），催化1-氨基-1-羧基环丙烷（ACC）生成乙烯的ACC氧化酶（ACS）。在果实采摘的硬果期，SAMS、ACS、ACO含量和活性都很低，但是随着贮藏时间的延长，SAMS和ACS的含量和活性首先达到高峰，然后是ACO和含量，乙烯释放量达到高峰口。

（2）催化果实软化的糖水解酶类，现目前研究得最多主要有淀粉酶、果胶水解酶、多聚半乳糖醛酸酶、纤维素酶、糖苷酶、果胶甲脂酶、甘露聚糖酶等，这一类酶在果实采摘初期活性很低，但是随着果实乙烯峰的到来，其酶活活性大幅度提高，加速了果实内多糖类物质的降解和转化，使果实变得松软可食。

（3）参与果实特殊香气物质生成的酶类，脂氧合酶（LOX）、乙醇脱氢酶（ADH）、乙酰基转移酶（AAT）等，它们随着果实的成熟，其活性达到高峰，使猕猴桃果实在成熟时表现出特殊香气口。

（4）过氧化物酶类，主要是超氧化物歧化酶（SOD）、过氧化物酶（POD）和过氧化氢酶（CAT），它们在果实成熟强活性很低，但是随着果实的成熟，其活性会出现先升高后下降的趋势，且SOD和CAT的活性高峰先于POD，这主要和果实的呼吸代谢相关"。

（五）果实内含物变化

猕猴桃果实在贮藏过程中的软化成熟，造成了果肉细胞内含物含量的变化。研究表明随着猕猴桃果实的采后成熟，果实硬度下降，果实糖含量和可溶性固形物含量上升，总酸含量、Vc含量随果实贮藏时间的延长会降低。谢鸣等报道了猕猴桃果实的可溶性固形物在10.2%以前，氨基酸含量迅速增加，但其含量随着果实的成熟而不断下降；在果实采收时的硬果期，果肉内的氨基酸主要是苏氨酸、组氨酸和天门冬氨酸，但在果实成熟后则以精氨酸、组氨酸和苏氨酸为主；果实中 Vc 的含量在后熟过程中呈缓慢下降趋势。

二、保鲜技术

1. 激素保鲜

（1）1-甲基环丙烯

1-甲基环丙烯（1-MCP）是一种化学结构和乙烯相似，对生物体无毒无害的气体物质，是乙烯的竞争性抑制物质，它能与植物体内乙烯受体不可逆的结合，抑制果实内许多与乙烯相关的生理生化反应，以达到保鲜效果。目前关于 1-MCP 对猕猴桃果实采后成熟的文献报道很多。陈金印等以美味猕猴桃品种‘金魁’为材料，研究了常温下 1. 5gL／L 的 1-MCP 处理对美味猕猴桃果实采后生理生化的影响，结果分析发现，果实的软化速率、总糖及可溶性固形物的上升速率受到抑制，Vc 含量则与对照组差异不显著；乙烯跃变峰和果实呼吸高峰均得到推迟，且峰值降低；果胶酶活性受到推迟和抑制。夏源媛等即利用 0. 5mL／L1-MCP 对红阳’猕猴桃、μL/L 1-MCP 处理‘徐香’猕猴桃，结果发现：经过 1-MCP 的猕猴桃果实，均能达到后熟，但与正常成熟的猕猴桃果实相比，其果实的呼吸速率和乙烯释放速率得到降低，果实软化速率、可滴定酸含量下降速率，前期可溶性固形物的上升速率得到抑制。

（2）吲哚乙酸

吲哚乙酸（IAA）根据浓度的不同，会产生多方面的生理效应，当适宜浓度的 IAA 与其受体相结合后，促使植物中特定序列 mRNA 的表达和翻译，其中主要是促使与细胞生长相关基因的表达和翻译，从而延缓细胞凋亡。有文献报道，呼吸跃变型果实后熟与 IAA 密切相关：外源 IAA 可抑制成熟衰老，内源 IAA 可减缓后熟进程，而果实后熟的必要条件是体内 IAA 的失活。陈昆松等，41 以美味猕猴桃‘海沃特’品种为材料，利用 50mg／L 的 IAA 浸果 2min 后于室温存放，然后对果实的硬度进行测定，发现在果实的存放过程中，IAA 处理的果实硬度显著高于对照；通过测定果实的内源 IAA 含量发现，IAA 处理的果实，在存放 4 天后，其果实的内源 IAA 含量都能够被检测出来，且高达 4.75ng／g，而对照则基本检测不出来；当果实内源 IAA 含量下降的同时，果实的乙烯跃变峰也出现，这说明 IAA 对猕猴桃果实有保鲜作用。

（3）水杨酸

水杨酸（SA）是植物天然代谢产物，同时也是一种植物内源激素，它参与植物许多生长发育过程的调控，包括植物生长发育、成熟衰老以及抗逆性的诱导等代谢过程。有文献报道，水杨酸及其衍生物乙酰水杨酸通过抑制植物果实组织中的乙烯生物合成来抑制植物果实的后熟进程。。许文平等的研究表明，用外源 SA 处理采后的猕猴桃果实，其乙烯生物合成受到抑制；通过进一步的研究显示，水杨酸主要是抑制了乙烯合成关键酶（ACC）的活性；随着猕猴桃果实的软化成熟，其果实内源水杨酸含量呈明显的下降趋势。张玉等的研究也表明，在果实后熟过程中，内源的水杨酸含量呈下降趋势，且内源水杨酸含量与果实硬度呈现出极显著的正相关关系；外源的乙酰水杨酸处理能使组织中水杨酸维持在较高水平，同时减低组织中活性氧的生成速率，抑制乙烯合成关键酶的活性，推迟乙烯跃变峰的到来，维持组织细胞膜的稳定性，从而达到保鲜效果。

（4）一氧化氮

一氧化氮（NO）是一种植物小分子物质，参与植物生长发育、成熟衰老等一系列生命活动过程。在果实的成熟过程中，它也起到重要的作用。有文献报道，果实在成熟过程中也可产生 NO，且未成熟果实中的含量显著高于成熟果实中的含量，利用外源 NO 处理可以提高组织中内源 NO 的含量，同时组织中高水平的内源 NO 含量可延缓果实呼吸高峰和乙烯高峰的出现，并降低其峰值。在猕猴桃果实采后保鲜中，利用 1.0 μmol/L 的 NO 处理可延缓猕猴桃果实的软化，推迟乙烯峰的到来并降低其峰值，且使果肉组织保持了较高的 POD 和 SOD 活性，减少活性氧对组织的伤害；通过果实超微结构的观察，发现 NO 处理能维持果肉细胞膜的稳定性，降低猕猴桃果肉细胞叶绿素的降减速率

2. 化学保鲜

（1）钙

钙离子作为第二信使可促进真核生物细胞内对刺激的反应，钙离子浓度的变化可激活钙调蛋白基因的表达，从而激活一系列的生理生化反应"。有文献报道，果实采前和采后喷施钙肥，可以延缓果实采后成熟，推迟乙烯高峰和呼吸高峰的出现并降低其峰值，保持细胞膜结构的完整性，使组织保持较低的电导率，减缓果实的软化速率，同时还能抑制许多与果实成熟相关基因的表达。肖志伟等的研究表明，经过钙处理的猕猴桃果实，果实软化速率、果肉中可溶性固形物含量的增加速率、Vc 含量下降速率、可溶性糖含量均低于对照，乙烯峰的出现时间得到推迟，淀粉酶活性的增加受到抑制，果实的存放时间得到延长，且不改变果实风味。吴炼等哪的研究也表明，钙处理的猕猴桃果实，其果实的贮存性也得到增强。

（2）其他

张中海等报道了利用 20g／L 的草酸溶液处理采后猕猴桃，发现草酸不仅能起到清除猕猴桃果锈的目的，且还能降低采后猕猴桃果实储存过程中的乙烯释放量和呼吸强度，降低与猕猴桃果实成熟相关的关键酶活性，对采后猕猴桃果实贮存保鲜起到良好效果。闫瑞香等报道了利用亚精胺处理的猕猴桃果实，其 SOD、CAT 的活性得到提高，同时 POD、ASP 活性受到抑制，采后果实在贮存过程中能保持较高的硬度。

3. 物理保鲜

（1）机械冷藏

温度是影响果实代谢过程、品质与贮藏寿命的重要因子，有报道在 5～35℃之间，温

度每上升10℃，呼吸强度就增大1~1.5倍。因此，降低果实的贮藏温度将有利于果实的保鲜。机械冷藏保鲜是目前大宗果蔬的主要保鲜方式，它为水果定期销售和采后保鲜期的延长提供了可能。呼吸强弱与果实的采后贮藏期长短呈正相关，良好的呼吸环境能延长果实的采后保鲜期。适当降低贮藏温度有利于减低果实的呼吸速率，而机械冷藏的基本原理就是低温能降低果实的呼吸速率。预冷处理、冷冲击处理和低温处理都可以有效保持果实的商品价值，延长贮藏寿命"。猕猴桃果实在采收后，有自身后熟的过程，而成熟速度的快慢和贮藏温度呈正相关。周林爱等研究了4℃和25℃贮藏温度对猕猴桃果实品质的影响，发现在4~C的贮藏条件下，果实的乙烯释放量低，果实软化速率慢，果肉内在品质在短时期内变化慢，而25℃下，乙烯释放量、释放速率加剧，果实内在品质短时期内变化快。贾德翠等。研究了不同预冷处理对猕猴桃果实冷藏效果的影响，发现不同的预冷处理都有利于猕猴桃果实的采后保鲜，但是不同的预冷处理对不同的品种具有不同的保鲜效果，'翠玉'以室温预冷处理的贮藏效果最好，'米良1号'以间歇预冷处理的贮藏效果最好。

（2）气调储藏

气调贮藏是通过调节贮藏环境内的气体成分及其含量，降低果实的生理代谢速率，以达到保险的目的，但它不能影响贮藏果实正常生理代谢。

它是目前公认的最佳的猕猴桃鲜果采后贮藏方法，它主要有气调库冷藏贮藏法、塑料帐气调贮藏法，塑料PE膜气调贮藏法、硅窗气调贮藏法等。目前，猕猴桃的气调贮藏库的各项指标主要为：温度（0±0.1s）oc，湿度>90%，O_2浓度2%~3%，CO_2浓度3%~5%，C2H4<0.01%。王贵禧等1研究了5% O浓度、不同CO:浓度下秦美猕猴桃的保鲜，发现3%~4%的CO浓度能很好的抑制果实软化，降低果实的呼吸速率，并使贮藏果实保持很好的内在品质。黄永红等。的研究也表明：贮藏温度在（0.5~4.1）%，0浓度在2%~3%时，CO的浓度为3%~6%时均能明显的抑制果实呼吸跃变的发生，使果实保持较高的硬度和内在品质，但综合其他因素考虑，果实贮藏时CO:的最佳浓度为3%~4%为宜。其他曾荣等报道了水杨酸、壳聚糖两种天然保鲜剂涂膜处理对猕猴桃果实的采后保鲜效果，发现它们均能有效的延缓猕猴桃果实品质的劣变；通过进一步的研究显示：水杨酸能延缓了第1阶段的软化，它主要是抑制淀粉酶活性，从而抑制果实内的淀粉水解，保持了果肉细胞内环境的稳定；壳聚糖延缓了第Ⅱ阶段的软化，它主要是抑制果胶酶活，维持细胞间稳定的空间结构。刘延娟等报道了低温贮藏前的猕猴桃果实，用38℃温水处理8min能使贮藏中的猕猴桃果实保持较高的硬度，且对果实内在品质影响较小。王悦芳等发现高压静电场处理的猕猴桃果实，其果实的乙烯释放高峰受到明显的抑制和延缓，从而延长了果实的保鲜期。

良好的贮藏效果除了靠果实采后处理贮藏外，还与果实生产的各个环节密切相关。在中国，由于猕猴桃主产区栽培品种搭配不合理，栽培技术有欠科学规范，贮运保鲜硬件落后，保鲜技术研究与生产应用脱节等缺点，让中国的猕猴桃在国际市场上缺乏核心竞争力。要走出这一困境，必须从提高猕猴桃的科技含量着手，注重产业发展的各个环节，加强猕猴桃的应用基础研究以及应用技术的研究。

参考文献

[1] 刘健伟，王勤红，方寒寒，等．猕猴桃溃疡病发生规律及综合防治方法 [J]．现代园艺，2019（07）：178-180．

[2] 红心猕猴桃细菌性溃疡病特征、起因、危害、预防、治疗 [EB/OL]．

[3] 任茂琼，余敖，李家慧，等．四川省北川县猕猴桃溃疡病发生特点与综合防控技术示范 [J]．中国植保导刊，2018（11）：55-57．

[4] 何利钦，王丽华，李明章，等．四川省猕猴桃溃疡病调查及病原菌株型鉴定 [J]．中国南方果树，2019，48（04）：73-78+90．

[5] 李淼，檀根甲，李瑶，等．不同猕猴桃品种对细菌性溃疡病的抗病性及其聚类分析 [J]．植物保护，2004，30（05）：51-54．

[6] 申哲，黄丽丽，康振生．陕西关中地区猕猴桃溃疡病调查初报 [J]．西北农业学报，2009，18（01）：191-193+197．

[7] 胡黎华，杨灿芳，熊伟，等．重庆猕猴桃溃疡病发生情况及影响因素调查 [J]．中国南方果树，2018，47（03）：151-152+157．

[8] 李有忠，宋晓斌，张学武．猕猴桃细菌性溃疡病发生规律研究 [J]．西北林学院学报，2000，15（2）：53-56．

[9] 陈虹君，杨国安，迟旭春．猕猴桃溃疡病致病因素与防治经验探讨 [J]．南方农业，2018，12（17）：1-2．

[10] 陈仕敏，赵平．对苍溪红心猕猴桃溃疡病防治现状的思考与建议 [J]．四川农业科技，2018（09）：31-32．

[11] 王西锐．猕猴桃溃疡病致病因素与防治经验探索 [J]．西北园艺（果树），2018（01）：30-31．

[12] 王茹琳，李庆，刘原，等．川北不同海拔果园猕猴桃溃疡病病株的空间格局分析 [J]．湖北农业科学，2019，58（08）：79-83．

[13] 王瑞，雷霁卿，查仕连，等．3 株猕猴桃细菌性溃疡病致病菌的药剂室内毒力比较 [J]．江苏农业科学，2019，47（11）：141-143．

[14] 张鑫，刘芸宏，高贵田，等．超声＋热处理对猕猴桃枝条组织中溃疡病菌的杀菌作用及对苗木生长的影响 [J]．果树学报，2019（05）：638-646．

[15] 方敦煌，胡方平，谢联辉．福建省建宁县中华猕猴桃细菌性花腐病的初步调查研

究 [J]. 福建农业大学学报，1999（01）.

[16] 肖宇，崔远超，曾祥渝.重庆地区枇杷花腐病的初步调查 [J].中国南方果树，2007（01）.

[17] 王博，封利军.猕猴桃花腐病的发生与防控 [J].西北园艺（果树），2017（03）.

[18] 杨清平，王立华，谢志斌，等.湖北猕猴桃主要病害及其有机病害治理技术 [J].湖北农业科学，2014（10）.

[19] 李洁维，莫权辉，蒋桥生，等.猕猴桃品种红阳在广西桂北的引种试验 [J].中国果树，2009（04）.

[20] 张帆，刘亚妮，杨波.猕猴桃花腐病的发生与防治 [J].西北园艺（果树），2016（02）.

[21] 永田贤嗣，王庸生.猕猴桃果实的软腐病 [J].国外农学（果树），1984（3）：33-34.

[22] 林光剑，胡翠风，高日霞.我国猕猴桃病害研究进展 [J].福建果树，1994（1）：22-25.

[23] 李爱华，郭小成.秦美猕猴桃软腐病的发生规律与防治初探 [J].陕西农业科学，1994（3）：44.

[24] 丁爱冬，于梁，石蕴莲.猕猴桃采后病害鉴定和侵染规律研究 [J].植物病理学报，1995（2）：149-153.

[25] 周游，龚国淑，秦文，等.猕猴桃软腐病病原鉴定及其毒素获取方法研究 [C]// 中国植物病理学会 2012 年学术年会论文集.北京：中国农业科学技术出版社，2012.

[26] 周游.猕猴桃软腐病病原学研究 [D].雅安：四川农业大学，2016.

[27] 李诚，蒋军喜，冷建华，等.奉新县猕猴桃果实腐烂病病原菌分离鉴定 [J].江西农业大学学报，2012，34（2）：259-263.

[28] 段爱莉，雷玉山，孙翔宇，等.猕猴桃果实贮藏期主要真菌病害的 rDNA-ITS 鉴定及序列分析 [J].中国农业科学，2013，46（4）：810-818.

[29] 黎晓茜，曾彬，尹显慧，等.修文县猕猴桃腐烂病病原鉴定及防治药剂筛选 [J].中国南方果树，2016，45（5）：101-104.

[30] 王小洁，李士谣，李亚巍，等.猕猴桃软腐病病原菌的分离鉴定及其防治药剂筛选 [J].植物保护学报，2017，44（5）：826-832.

[31] 潘慧，胡秋舲，张胜菊.贵州六盘水市猕猴桃病害调查及病原鉴定 [J].植物保护，2018，44（4）：125-131+137.

[32] 吴文能，张起，雷霁卿."贵长"猕猴桃软腐病病原菌分离鉴定及抑菌药剂筛选 [J].北方园艺，2018（16）：47-54.

[33] 雷霁卿，吴文能，刘颖.贵州六盘水地区"红阳"猕猴桃软腐病病原菌分离鉴定

及致病力差异测定 [J]. 北方园艺，2019（4）：31-38.

[34] 高屋茂雄，黄伙平. 猕猴桃果实软腐病的发生及防治措施 [J]. 亚热带植物通讯，1988（1）：85-88.

[35] 姜景魁，张绍升，廖廷武. 猕猴桃黄腐病的研究 [J]. 中国果树，2007（6）：14-16.

[36] 余桂萍，周洪旗. 猕猴桃软腐病的发生规律与防治初探 [J]. 资源开发与市场，2009，25（5）：392-393.

[37] 王井田，刘达富，刘允义，等. 猕猴桃果实腐烂病的发病规律及药剂筛选试验 [J]. 浙江林业科技，2013，33（3）：55-57.

[38] 莫飞旭，石金巧，潘东妹. 四霉素与戊唑醇复配对猕猴桃软腐病的防控效果 [J]. 中国植保导刊，2019，39（2）：71-74.

[39] 范先敏. 猕猴桃软腐病拮抗菌筛选及初步拮抗机理研究 [D]. 武汉：华中农业大学，2017.

[40] 胡容平，石军，林立金，等. 四川猕猴桃软腐病防治初步研究 [J]. 西南农业学报，2017，30（2）：366-370.

[41] 吴紫燕，糜芳，毛伟力. 哌珀霉素（Peptaibols）对储藏期猕猴桃软腐病的防治效果 [J]. 农药，2019，58（2）：145-149.

[42] 郑玉峰. 桑盾蚧的发生与防治 [J]. 现代农村科技，2016（8）：27.

[43] 全明旭. 桑盾蚧在柑橘上的发生规律及绿色防控技术 [J]. 南方农业，2016，10（13）：23-26.

[44] 王丽君，王润珍，侯慧锋，等. 辽南地区油桃桑白蚧的发生与防治技术 [J]. 辽宁农业职业技术学院学报，2017，19（3）：1-3.

[45] 吴格娥. 黔东西地区桃树桑白蚧的发生及防治研究 [J]. 甘肃农业，2007（7）：90-91.

[46] 庄启国，李明章，王丽华，等. 冬施矿物油对红阳猕猴桃桑白蚧防效及药害 [J]. 农药，2011，50（2）：146-149.

[47] 李爽，宋庆超，王勇. 我国软枣猕猴桃开发利用概况 [J]. 黑龙江科技信息，2016（9）：270-271.

[48] 郑蔓莉，赵兰花. 东北地区软枣猕猴桃产业发展现状及对策研究 [J]. 山西农经，2017（17）：128-129.

[49] 陈启亮，陈庆红，顾霞，等. 中国猕猴桃新品种选育成就与展望 [J]. 中国南方果树，2009，38（2）：70-76.

[50] 张敏，王贺新，娄鑫，等. 世界软枣猕猴桃品种资源特点及育种趋势 [J]. 生态学杂志，2017，36（11）：3289-3297.

[51] 王会龙，胡汉宜. 5种杀虫剂防治双季槐桑白蚧田间药效试验 [J]. 河南农业，2018

（2）：39-40.

[52] 张润光，田呈瑞，张有林 . 复合保鲜剂涂膜对石榴果实采后生理、贮藏品质及贮期病害的影响 [J]. 中国农业科学，2016，49（6）：1173-1186.

[53] 黄文俊，钟彩虹 . 猕猴桃果实采后生理研究进展 [J]. 植物科学学报，2017，35（4）：622-630.

[54] 曹森，王瑞，赵成飞，等 . 青皮核桃采后生理及贮藏保鲜技术研究进展 [J]. 保鲜与加工，2017（1）：117-121.

[55] 张倩，张晶，白冬红，等 . 肥桃采后生理变化及贮藏保鲜技术研究进展 [J]. 农产品加工，2017（23）：69-73.

[56] 张辉，马超，彭熙，等 . 红阳猕猴桃采后生理及病害研究进展 [J]. 广东化工，2017，44（3）：107-108.

[57] 赵博，胡尚连，刘红 . 竹笋采后生理及储藏保鲜技术的研究进展 [J]. 竹子学报，2017（3）：66-71.

[58] 孙照，李新生，徐皓，等 . 甘薯采后生理及贮藏保鲜技术研究进展 [J]. 粮食流通技术，2016，3（6）：49-50.

[59] 颜廷才，刘振通，李江阔，等 . 箱式气调结合 1-MCP 对软枣猕猴桃冷藏期品质及风味物质的影响 [J]. 食品科学，2016，37（20）：253-260.

[60] 张惠然，张军 . 冬枣采后生理及保鲜技术研究进展 [J]. 保鲜与加工，2017（1）：134-138.

[61] 刘振通 . 箱式气调对葡萄、软枣猕猴桃冷藏品质调控效应的研究 [D]. 辽宁：沈阳农业大学，2017.